普通高等教育软件工程“十三五”规划教材

13th Five-Year Plan Textbooks of Software Engineering

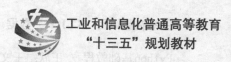

工业和信息化普通高等教育“十三五”规划教材

Python基础教程

（第2版）

王欣 王文兵 ◎ 主编

杨瑾 翟社平 赵宁社 ◎ 副主编

Python Programming

人民邮电出版社

北京

图书在版编目（CIP）数据

Python基础教程 / 王欣，王文兵主编. -- 2版. --
北京 ：人民邮电出版社，2018.8（2024.1重印）
普通高等教育软件工程“十三五”规划教材
ISBN 978-7-115-48825-1

Ⅰ. ①P… Ⅱ. ①王… ②王… Ⅲ. ①软件工具－程序设计－高等学校－教材 Ⅳ. ①TP311.561

中国版本图书馆CIP数据核字(2018)第148512号

内 容 提 要

Python 是一种解释型、面向对象、动态数据类型的高级程序设计语言，是最受欢迎的程序设计语言之一。Python 语言简洁，语法简单，非常适合作为初学者学习编程的入门语言。

本书包括基础知识和高级编程技术，全面介绍 Python 编程的基础知识和实用技术。读者在阅读本书时可以充分了解和体验 Python 语言的强大功能。本书中所有程序均在 Python 3.6.4 环境下调试通过。

本书既可作为大学本科“程序设计”课程的教材，也可作为高职高专院校相关专业的教材，还可作为 Web 开发人员的参考用书。

◆ 主　编　王　欣　王文兵
副 主 编　杨　瑾　翟社平　赵宁社
责任编辑　邹文波
责任印制　沈　蓉　彭志环

◆ 人民邮电出版社出版发行　　北京市丰台区成寿寺路 11 号
邮编　100164　　电子邮件　315@ptpress.com.cn
网址　https://www.ptpress.com.cn
涿州市般润文化传播有限公司印刷

◆ 开本：787×1092　1/16
印张：16.5　　　　2018 年 8 月第 2 版
字数：366 千字　　　　2024 年 1 月河北第 7 次印刷

定价：49.80 元

读者服务热线：(010)81055256　印装质量热线：(010)81055316
反盗版热线：(010)81055315

第 2 版前言

Python 语言已经成为当下主流的程序设计语言。

虽然 Python 课程的教学在我国高校起步较晚，但近几年发展很快。目前，很多高等院校都陆续开设了相关课程。

本书第 1 版于 2015 年 9 月出版，先后印刷多次，表明了读者对本书的认可。这既是对编者的鼓励，也是对编者的鞭策。编者与多位一线教师进行了交流与探讨，也经历了几轮教学实践，对 Python 程序设计的教学内容、实践环节进行不断地研究、探讨、改进，产生了一些新的认识。因此，编者认为有必要在第 1 版的基础上对本书进行改版。

本次改版主要结合当前最新的开发环境，对第 1 版中的不足之处进行改正，并加入一些新内容，以期达到更好的教学效果。

本书内容分为两篇。第 1 篇介绍基础知识，由第 1 ~ 6 章组成，包括 Python 概述、Python 语言基础、Python 函数、Python 面向对象程序设计、Python 模块和函数式编程；第 2 篇介绍 Python 高级编程技术，由第 7 ~ 10 章组成，详尽地讲解了 I/O 编程、图形界面编程、多任务编程以及网络编程。另外，本书每章都配有相应的习题，帮助读者理解所学习的内容，使读者加深印象，学以致用。本书的附录还给出了各章的配套实验以及 Pycharm 环境的安装与使用方法。

本书中所有源程序均在 Python 3.6.4 环境下运行通过。本书提供教学 PPT 课件、源程序文件和习题参考答案等，有需要的读者可以登录人邮教育社区（http://www.ryjiaoyu.com）免费下载。

本书在内容的选择及深度的把握上充分考虑初学者的特点，在内容安排上力求做到循序渐进。本书不仅适合课堂教学，也适合开发 Web 应用程序的各类人员自学使用。

由于编者水平有限，书中难免存在不足之处，敬请广大读者批评指正。

编　者

2018 年 5 月

目　录

第1篇　基础知识

第 2 篇 高级编程技术

第 1 篇
基础知识

第 1 章 Python 概述

Python 是一种解释型、面向对象、动态数据类型的高级程序设计语言，是最受欢迎的程序设计语言之一。本章介绍 Python 语言的基本情况。

1.1 初识 Python

首先来了解一下什么是 Python，它又有哪些特性。

1.1.1 什么是 Python

Python 于 20 世纪 80 年代末由荷兰人 Guido Van Rossum（见图 1-1）设计实现。

图 1-1 Guido Van Rossum

1991 年，Van Rossum 公布了 0.9.0 版本的 Python 源代码。此版本已经实现了类、函数以及列表、字典和字符串等基本的数据类型。本书将在第 2 章介绍基本数据类型，第 3 章介绍函数，第 4 章介绍类。

0.9.0 版本还集成了模块系统，Van Rossum 将模块描述为 Python 主要的编程单元。

1994 年，Python 1.0 发布。1.0 版新增了函数式工具。关于函数式编程将在第 6 章介绍。

Python 2.0 集成了列表推导式（List Comprehension），具体情况将在第 2 章介绍。

Python 3.0 也称为 Python 3000 或 Python 3K。相对于 Python 的早期版本，这是一个较大的升级。为了不带入过多的累赘，Python 3.0 在设计的时候没有考虑向下兼容。Python 3.0 的主要设计思想就是通过移除传统的做事方式从而减少特性的重复。很多针对早期 Python 版本设计的程序都无法在 Python 3.0 上正常运行。为了照顾现有程序，Python 2.6 作为一个过渡版本，基本使用了 Python 2.x 的语法和库，同时考虑了向 Python 3.0 的迁移，允许使用部分 Python 3.0 的语法与函数。基于早期 Python 版本而能正常运行于 Python 2.6 并无警告的程序，可以通过一个 2 to 3 的转换工具无缝迁移到 Python 3.0。本书内容基于 Python 3.6.4。

经过多年的发展，Python 已经成为非常流行的热门程序开发语言。到底有多流行？让我们看看知名的 TIOBE 开发语言排行榜。TIOBE 编程语言排行榜是编程语言流行趋势的一个指标，每月更新，这份排行榜排名基于互联网有经验的程序员、课程和第三方厂商的数量。排名使用著名的搜索引擎（诸如 Google、MSN、Yahoo!、Wikipedia、YouTube 以及 Baidu 等）进行计算。该排行榜可以用来衡量程序员的编程技能是否与时俱进，也可以在开发新系统时作为一个语言选择依据。

2018 年 3 月的 TIOBE 排行榜显示，Python 排名第 4，如图 1-2 所示。

Mar 2018	Mar 2017	Change	Programming Language	Ratings	Change
1	1		Java	14.941%	-1.44%
2	2		C	12.760%	+5.02%
3	3		C++	6.452%	+1.27%
4	5	⌃	Python	5.869%	+1.95%
5	4	⌄	C#	5.067%	+0.66%
6	6		Visual Basic .NET	4.085%	+0.91%
7	7		PHP	4.010%	+1.00%
8	8		JavaScript	3.916%	+1.25%
9	12	⌃	Ruby	2.744%	+0.49%
10	-	⌃⌃	SQL	2.686%	+2.69%

图 1-2　2018 年 3 月的 TIOBE 排行榜

可以看到，排名前 6 的编程语言依次是 Java、C、C++、Python、C#、Visual Basic.NET，由此可见 Python 的流行程度。

1.1.2　Python 的特性

下面简要介绍一下 Python 的基本特性。

（1）简单易学：Python 语言很简洁，语法也很简单，只需要掌握基本的英文单词就可以读懂 Python 程序。这对初学者无疑是个好消息。因为简单就意味着易学，可以很轻松地上手。

（2）Python 是开源的、免费的：开源是开放源代码的简称。也就是说，用户可以免费获取 Python 的发布版本源代码，阅读、甚至修改源代码。很多志愿者将自己的源代码添加到 Python 中，从而使其日臻完善。

（3）Python 是高级语言：与 Java 一样，Python 不依赖任何硬件系统，因此属于高级开发语言。在使用 Python 开发应用程序时，不需要关注低级的硬件问题，如内存管理。

（4）高可移植性：由于开源的缘故，Python 兼容很多平台。如果在编程时多加留意系统依赖的特性，Python 程序无需进行任何修改，就可以在各种平台上运行。Python 支持的平台包括 Linux、Windows、FreeBSD、Macintosh、Solaris、OS/2、Amiga、AROS、AS/400、BeOS、OS/390、z/OS、Palm OS、QNX、VMS、Psion、Acorn RISC OS、VxWorks、PlayStation、Sharp Zaurus、Windows CE 和 PocketPC 等。

（5）Python 是解释型语言：计算机不能直接理解高级语言，只能直接理解机器语言。使用解释型语言编写的源代码不是直接翻译成机器语言，而是先翻译成中间代码，再由解释器对中间代码进行解释运行。因此使用 Python 编写的程序不需要翻译成二进制的机器语言，而是直接从源代码运行，即运行 Python 程序时，由 Python 解释器将源代码转换为字节码（中间代码），然后再执行这些字节码。过程如图 1-3 所示。

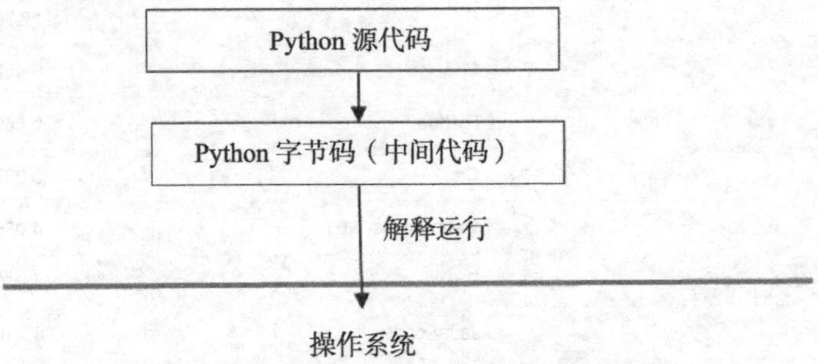

图 1-3　Python 程序的运行过程

（6）Python 全面支持面向对象的程序设计思想：面向对象是目前最流行的程序设计思想。所谓面向对象，就是基于对象的概念，以对象为中心，类和继承为构造机制，认识了解刻画客观世界以及开发出相应的软件系统。关于面向对象的程序设计思想的细节将在第 4 章介绍。

（7）高可扩展性：如果希望一段代码可以很快地运行，或者不希望公开一个算法，则可以使用 C 或 C++编写这段程序，然后在 Python 中调用，从而实现对 Python 程序的扩展。

（8）支持嵌入式编程：可以将 Python 程序嵌入到 C/C++程序中，从而为 C/C++程序提供处理脚本的能力。

（9）功能强大的开发库：Python 标准库非常庞大，可以实现包括正则表达式、文档生成、单元测试、线程、数据库、浏览器、CGI、FTP、E-mail、XML、XML-RPC、HTML、加密、GUI（图形用户界面）等功能。除了标准库外，Python 还有很多功能强大的库，本书后面部分会介绍这些库的具体情况。

1.2　开始 Python 编程

本节将介绍如何配置 Python 开发的环境，并介绍如何编写一个简单的 Python 程序。通过对本节的学习，读者就可以开始 Python 编程。

1.2.1　下载和安装 Python

访问网址 https://www.python.org/downloads/，可以下载 Python，如图 1-4 所示。

在编写本书（第 2 版）时，Python for Windows 有 2 个最新版本，2.0 系列的最新版本为 Python 2.7.14，3.0 系列的最新版本为 Python 3.6.4。本书内容基于 Python 3.6.4。

单击 Download Python 3.6.4 按钮，下载后会得到 python-3.6.4.exe。双击 python-3.6.4.exe，即可按照向导安装 Python 3.6.4。

图 1-4　下载 Python

在 Windows 中安装后，“开始”菜单的“所有程序”中会出现一个 Python 3.6 分组。单击其下面的 Python 3.6 菜单项，就可以打开 Python 命令窗口，如图 1-5 所示。也可以通过打开 Windows 命令窗口，然后运行 Python 命令，来打开 Python 命令窗口。

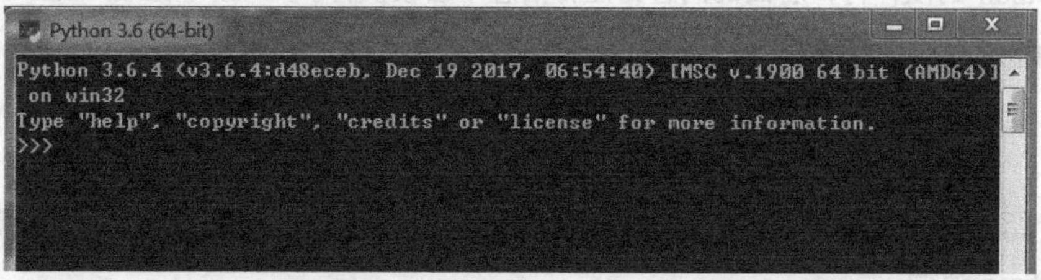

图 1-5　Python 安装成功后打开 Python 命令窗口

Python 命令实际上就是 Python 的解释器。在>>>后面输入 Python 程序，按 Enter 键后即可被解释执行。例如，输入下面的代码，可以打印“我是 Python”，运行结果如图 1-6 所示。

```
print('我是 Python')
```

print()函数用于输出数据，关于函数的具体情况将在第 3 章中介绍。按 Ctrl+Z 组合键可以退出 Python 环境。

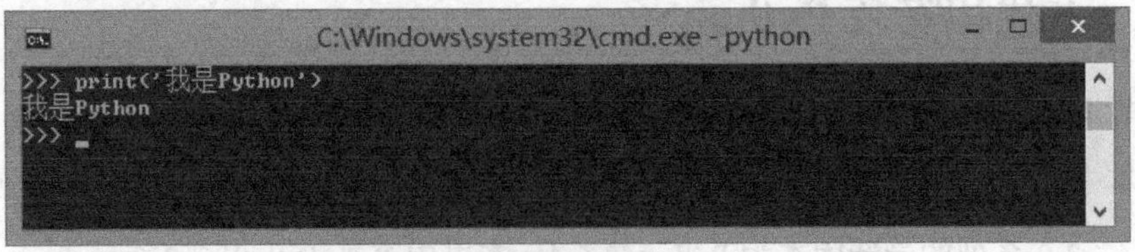

图 1-6　打印“我是 Python”的结果

1.2.2　执行 Python 脚本文件

1.2.1 节介绍了在命令行里面执行 Python 程序的方法。这正是解释型语言的特点，语句可以一行一行地解释执行，不需要编译生成一个 exe 文件。但这也不是程序员所习惯的编程方式，比较大的应用程序都是存放在一个文件中，然后一起执行的。当然，Python 也可以这样，Python 脚本文件的扩展名为.py。

【例 1-1】　创建一个文件 MyfirstPython.py，使用记事本编辑它的内容如下。

```
# My first Python program
print('I am Python')
```

保存后，打开命令窗口。切换到 MyfirstPython.py 所在的目录，然后执行下面的命令。

```
python MyfirstPython.py
```

运行结果如下。

```
I am Python
```

#是 Python 的注释符，后面的内容为注释信息不会被执行。“I am Python”是一个字符串。关于字符串的具体情况将在第 2 章介绍。

1.2.3　Python 语言的基本语法

本节介绍 Python 语言的基本语法，这些都是日后编写 Python 程序需要了解和注意的。

1. Python 语句

Python 程序由 Python 语句组成，通常一行编写一个语句。例如，

```
print('Hello,')
print('I am Python')
```

Python 语句可以没有结束符，不像 C 或 C#那样在语句后面必须有分号（;）表示结束。当然，Python 程序中也可以根据习惯在语句后面使用分号（;）。

也可以把多个语句写在一行，此时就要在语句后面加上分号（;）表示结束。

【例 1-2】 把多个语句写在一行的例子。

```
print('Hello,'); print('I am Python');
```

2. 缩进

缩进指在代码行前面添加空格（一般为 4 个空格）或按 Tab 键，这样做可以使程序更有层次、更有结构感，从而使程序更易读。以上两种缩进方法不能混用，建议使用 4 个空格方式实现缩进。

在 Python 程序中，缩进不是任意的。平级的语句行（代码块）的缩进必须相同。

【例 1-3】 语句缩进的例子。

```
print('Hello,');
 print('I am Python');
```

运行这段程序的结果如下。

```
File "例1-3.py", line 2
 print('I am Python');
   ^
ndentationError: unexpected indent
```

从输出的错误信息中可以看到，unexpected indent 表明缩进格式不对。因为第 2 行语句的开始有 1 个空格。可见，Python 的缩进规定是很严谨的。

1.2.4 下载和安装 Pywin32

Python 是跨平台的编程语言，兼容很多平台。本书内容基于 Windows 平台，Pywin32 是 Windows 平台下的 Python 扩展库，提供了很多与 Windows 系统操作相关的模块。本节介绍下载和安装 Pywin32 的方法。

访问网址 http://sourceforge.net/projects/pywin32/，可以下载 Pywin32 安装包。

网站页面如图 1-7 所示。单击 Browse All Files 超链接，可以打开选择产品页面，如图 1-8 所示。

单击 Pywin32 目录，可以打开选择 Pywin32 版本的页面，如图 1-9 所示。单击最新的 Pywin32 版本超链接，可以打开下载文件列表页，如图 1-10 所示。

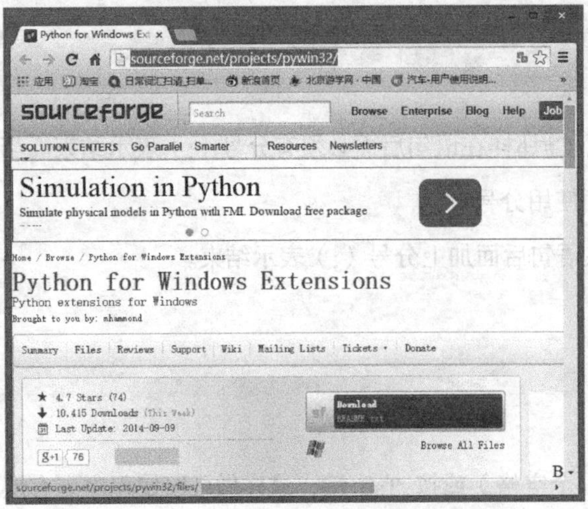

图 1-7 Pywin32 项目主页

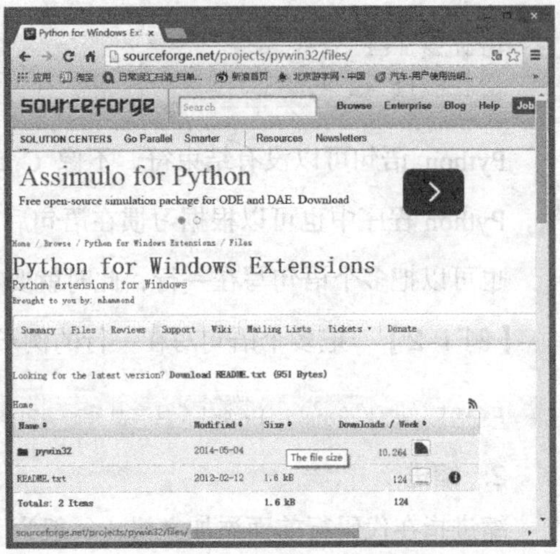

图 1-8 选择产品页面

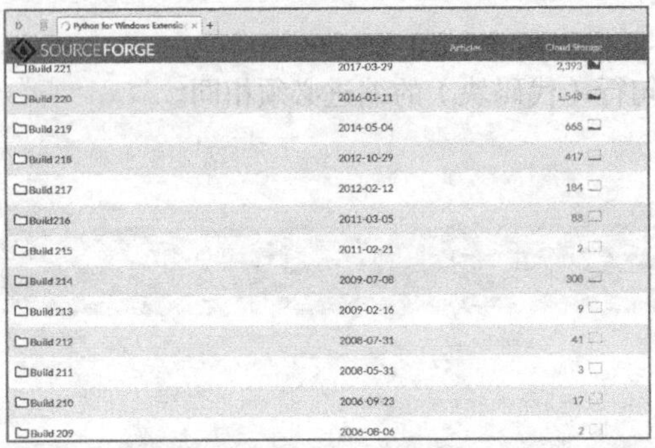

图 1-9 选择 Pywin32 版本

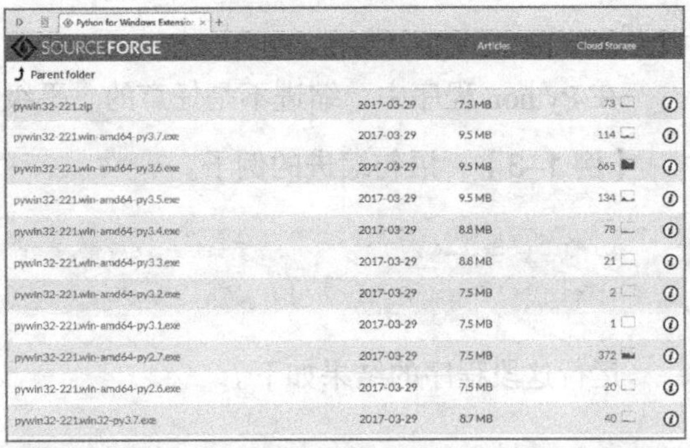

图 1-10 下载文件列表页面

在笔者编写本书（第 2 版）时，Pywin32 的最新版本为 221。根据 Python 的版本选择要下载的安装包。例如，本书使用的是 Python 3.6.4，因此单击 pywin32-221.win64-py3.6.exe 超链接，可以下载得到 Pywin32 的安装包 pywin32-221.win64-py3.6.exe。

> **提示** 当读者阅读本书时，下载页面和 Pywin32 的最新版本可能都会发生变化。读者可以参照上面的内容自行查找，也可以通过搜索引擎搜索下载 Pywin32 的相关页面。本书的源代码包里也提供了 pywin32-221.zip，读者可以直接使用。

运行 pywin32-221.win64-py3.6.exe，就可以安装 Pywin32。首先打开欢迎窗口，如图 1-11 所示。单击“下一步”按钮，打开选择目录窗口，如图 1-12 所示。

安装程序会从注册表中自动获取 Python 3.6 的安装目录，读者也可以手动设置。设置完成后，单击“下一步”按钮，打开准备安装窗口，再单击“下一步”按钮即可开始安装。安装完成后，会打开完成窗口。

图 1-11　欢迎窗口

图 1-12　选择目录窗口

1.3　Python 文本编辑器 IDLE

Python 是一种脚本语言，它并没有提供一个官方的开发环境，需要用户自主选择编辑工具。

1.3.1　打开 IDLE

Python 对文本编辑器没有特殊要求，完全可以使用 Windows 记事本编辑 Python 程序。但是 Windows 记事本的功能毕竟太过简单，而且没有对 Python 的特殊支持，因此不建议使用。

本节介绍 Python 自带的文本编辑器 IDLE。IDLE 的启动文件是 idle.bat，它位于 C:\Python34\Lib\idlelib 目录下。运行 idle.bat，即可打开文本编辑器 IDLE，如图 1-13 所示。也可以在开始菜单的所有程序中，选择 Python 3.6 分组下面的 IDLE（Python 3.6 64 bit）菜单项，打开 IDLE 窗口。

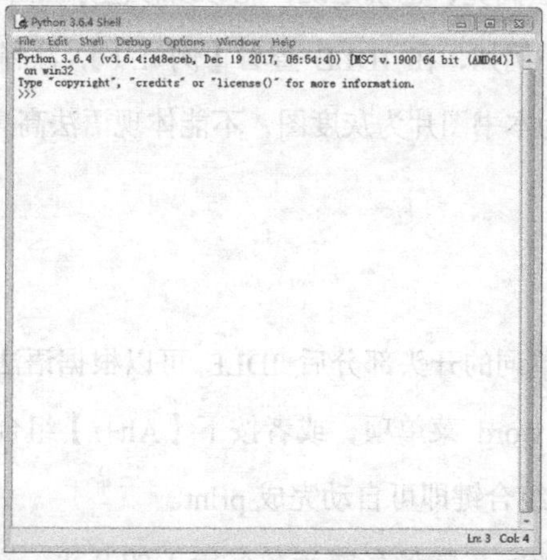

图 1-13　文本编辑器 IDLE

稍微有点遗憾的是，IDLE 没有汉化版。不过对于学习 Python 编程的读者来说，IDLE 菜单里的英文很简单。

1.3.2 新建 Python 脚本

在菜单里依次选择 File/New File（或按【Ctrl+N】组合键）即可新建 Python 脚本，窗口标题显示脚本名称，初始时为 Untitled，也就是还没有保存 Python 脚本，如图 1-14 所示。

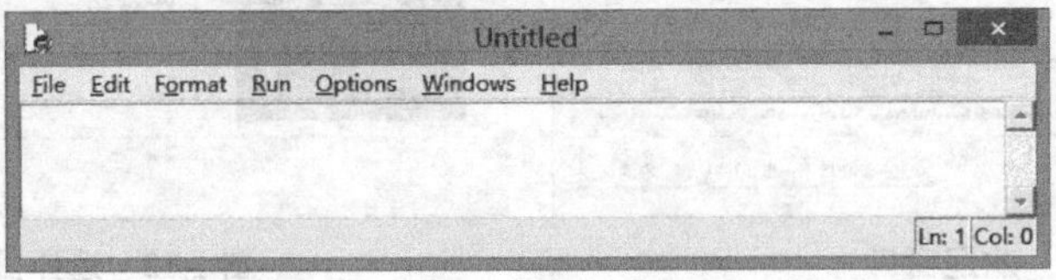

图 1-14 新建 Python 脚本的窗口

1.3.3 保存 Python 脚本

在菜单里依次选择 File/Save File（或按【Ctrl+S】组合键）即可保存 Python 脚本。如果是第一次保存，则会弹出保存文件对话框，要求用户输入保存的文件名。

1.3.4 打开 Python 脚本

在菜单里依次选择 File/Open File（或按【Ctrl+O】组合键）会弹出打开文件对话框，要求用户选择要打开的.py 文件名。

也可以用鼠标右键单击.py 文件，在快捷菜单中选择 Edit with IDLE，可直接打开 IDLE 窗口编辑该脚本。

1.3.5 语法高亮

IDLE 支持 Python 的语法高亮，也就是说，能够以彩色标识出 Python 语言的关键字，告诉开发人员这个词的特殊作用。例如，在 IDLE 查看【例 1-1】，注释显示为红色，print 显示为紫色，字符串显示为绿色。因为本书图片为灰度图，不能体现语法高亮的效果，还是留待读者上机实习时自己体会吧。

1.3.6 自动完成

自动完成指用户在输入单词的开头部分后 IDLE 可以根据语法或上下文自动完成后面的部分。依次选择 Edit/ Expand word 菜单项，或者按下【Alt+/】组合键，即可实现自动完成。例如，输入 pr 后按下【Alt+/】组合键即可自动完成 print。

也可以输入 Python 保留字（常量名或函数名等）的开头，在菜单里依次选择 Edit/Show completetions（或按下【Ctrl+空格键】)，将会弹出提示框。不过【Ctrl+空格键】与切换输入法的功能键之间存在冲突。例如，输入 p 然后选择 Edit/Show completetions，提示框如图 1-15 所示。

图 1-15　自动完成提示框

可以从提示列表中做出选择，实现自动完成。

1.3.7　语法提示

IDLE 还可以显示语法提示帮助程序员完成输入。例如，输入“print(”，IDLE 会弹出一个语法提示框，显示 print()函数的语法，如图 1-16 所示。

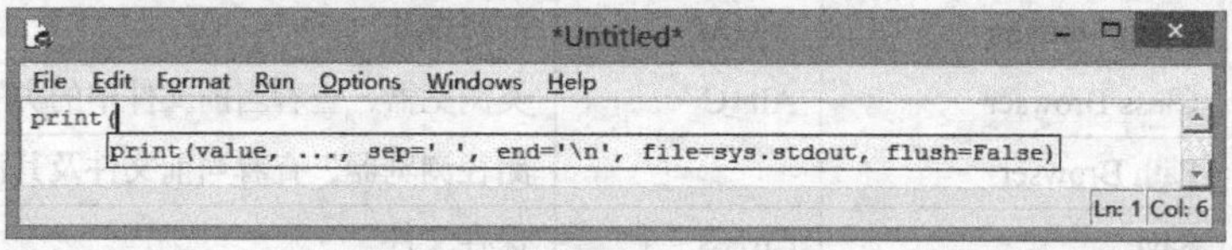

图 1-16　IDLE 的语法提示

1.3.8　运行 Python 程序

在菜单里依次选择 Run / Run Module（或按下 F5 键），可以在 IDLE 中运行当前的 Python 程序。例如，运行【例 1-2】的界面如图 1-17 所示。

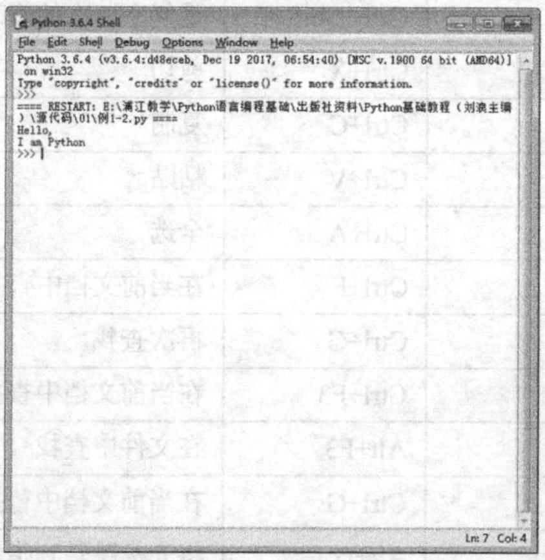

图 1-17　运行例 1-2 的界面

如果程序中有语法错误，运行时会弹出一个 invalid syntax 提示。然后将会有一个浅红色方块定位在错误处。例如，运行下面的程序：

```
print(,'Hello,');
```

在 print ()函数中多了一个逗号。定位错误的界面如图 1-18 所示。

可以看到，在多出的逗号处有一个浅红色方块。

图 1-18　运行时定位在错误处

1.3.9　IDLE 的菜单项

因为 IDLE 没有中文版，所以这里介绍一下它的常用菜单项，如表 1-1 所示。

表 1-1　IDLE 的常用菜单项

主菜单项	子菜单项	组合键	功能
File（文件）	New File	Ctrl+N	创建新文件
	Open	Ctrl+O	打开文件
	Recent Files		选择最近打开的文件
	Open Module	Alt+M	打开模块
	Class Browser	Alt+C	类浏览器，查看当前文件中的类层次
	Path Browser		路径浏览器，查看当前文件及其涉及的库的路径
	Save	Ctrl+S	保存文件
	Save As…	Ctrl+Shift+S	另存为
	Save Copy As…	Alt+Shift+S	保存副本
	Print Windows	Ctrl+P	打印窗口内容
	Close	Alt+F4	关闭窗口
	Exit	Ctrl+Quit	退出 IDLE
Edit（编辑）	Undo	Ctrl+Z	撤销上一次的修改
	Redo	Ctrl+ Shift+Z	重复上一次的修改
	Cut	Ctrl+X	剪切
	Copy	Ctrl+C	复制
	Paste	Ctrl+V	粘贴
	Select All	Ctrl+A	全选
	Find	Ctrl+F	在当前文档中查找
	Find Again	Ctrl+G	再次查找
	Find Selection	Ctrl+F3	在当前文档中查找选中的文本
	Find in Files	Alt+F3	在文件中查找
	Replace	Ctrl+G	在当前文档中替换指定的文本
	Go to Line	Alt+G	将光标跳转到指定行

续表

主菜单项	子菜单项	组合键	功能
Edit（编辑）	Expand Word	Alt+/	自动完成单词
	Show call tip	Ctrl+Backspace 键	显示当前语句的语法提示
	Show surrounding Parens	Ctrl+0	显示与当前括号匹配的括号
	Show Completions	Ctrl+空格键	显示自动完成列表
Format（格式）	Indent Region	Ctrl+]	将选中的区域缩进
	Dedent Region	Ctrl+[	将选中的区域取消缩进
	Comment Out Region	Alt+3	将选中的区域注释
	UnComment Region	Alt+4	将选中的区域取消注释
	Tabify Region	Alt+5	将选中区域的空格替换为 Tab
	Unabify Region	Alt+6	将选中区域的 Tab 替换为空格
	Toggle Tabs	Alt+T	打开或关闭制表位
	New indent width	Alt+U	重新设定制表位缩进宽度，范围为 2～16，宽度为 2 相当于 1 个空格
	Format Paragraph	Alt+Q	对选中代码进行段落格式整理
	Strip trailing whitespace		移除代码尾部的空格
Run（运行）	Python Shell		打开 Python Shell（命令解析器）窗口
	Check Module	Alt+X	对当前程序（模块）进行语法检查
	Run Module	F5	运行当前程序（模块）
Options（选项）	Configure IDLE…		配置 IDLE

习　题

一、选择题

1．下面不属于 Python 特性的是（　　）。

A．简单易学　　B．开源的、免费的　　C．属于低级语言　　D．高可移植性

2．Python 脚本文件的扩展名为（　　）。

A．.python　　B．.py　　C．.pt　　D．.pg

二、填空题

1．__________是 Python 的注释符。

2．Python 自带的文本编辑器是__________。

三、简答题

1．简述 Python 程序的运行过程。

2．简述 Python 的特性。

第2章 Python语言基础

本章将介绍 Python 语言的基本语法和编码规范，并重点讲解 Python 语言的数据类型、运算符、常量、变量、表达式和常用语句等基础知识，为读者使用 Python 开发应用程序奠定基础。

2.1 常量和变量

常量和变量是程序设计语言的最基本元素，它们是构成表达式和编写程序的基础。本节将介绍 Python 语言的常量和变量。

2.1.1 常量

常量是内存中用于保存固定值的单元，在程序中常量的值不能发生改变。Python 中没有专门定义常量的方式，也就是说，不能像 C 语言那样给常量起一个名字。Python 常量包括数字、字符串、布尔值和空值等。

1. 数字

Python 包括整数、长整数、浮点数和复数 4 种类型的数字。

（1）整数：表示不包含小数点的实数，在 32 位计算机上，标准整数类型的取值范围是 -2^{31}~$2^{31}-1$，即−2 147 483 648~2 147 483 647。

（2）长整数：顾名思义，就是取值范围很大的整数。Python 的长整数的取值范围与计算机支持的虚拟内存大小有关，也就是说，Python 能表达非常大的整数。

（3）浮点数：包含小数点的浮点型数字。

（4）复数：可以用 $a+bi$ 表示的数字。a 和 b 是实数，i 是虚数单位。虚数单位是二次方程式 $x^2+1=0$ 的一个解，所以虚数单位同样可以表示为 $i=\sqrt{-1}$。

在复数 $a+bi$ 中，a 称为复数的实部，b 称为复数的虚部。

一个复数可以表示为一对数字（a，b）。使用矢量图描述复数如图 2-1 所示。Re 是实轴，Im 是虚轴。

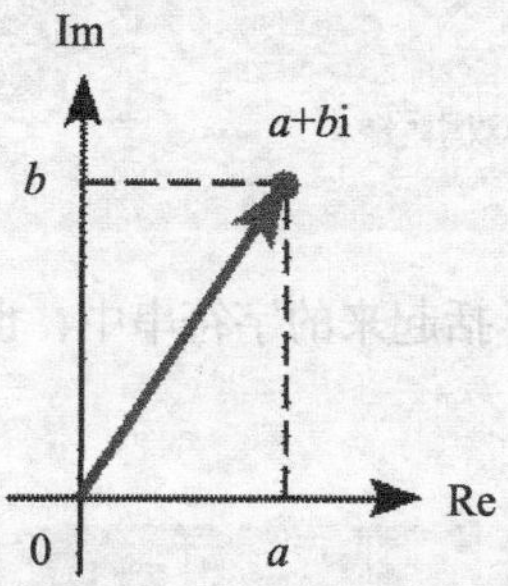

图 2-1　使用矢量图描述复数

2. 字符串

字符串是一个由字符组成的序列。字符串常量使用单引号（'）或双引号（"）括起来。例如：

```
'我是一个字符串'
"我是另一个字符串"
```

（1）转义符号

当需要在字符串中使用特殊字符时，Python 使用反斜杠（\）作为转义字符。例如，如果需要在单引号括起来的字符串中使用单引号（'），代码如下：

```
'字符串常量使用单引号（'）括起来'
```

Python 就会分不清字符串里面的单引号（'）是否表示字符串的结束。此时就需要使用转义符号，将单引号表示为（\'），代码如下：

```
'字符串常量使用单引号（\'）括起来'
```

当然，也可以使用双引号（"）括起来包含单引号的字符串，代码如下：

```
"字符串常量使用单引号（\'）括起来"
```

Python 常用转义字符的使用情况如表 2-1 所示。

例如，如果字符串中出现单引号（'）或双引号（"），则需要使用转义符号（\）：

```
'I\'m a string'
```

（2）使用三引号（''' 或者 """）

可以使用三引号指定多行字符串，例如：

```
'''多行字符串的例子。
```

表 2-1　Python 的常用转义字符

转义字符	具体描述
\n	换行
\r	回车
\'	'
\"	"
\\	\
\(在行尾时)	续行符
\a	响铃
\b	退格（Backspace）
\000	空
\v	纵向制表符
\t	横向制表符

```
第一行
第二行
可以在多行字符串里面使用'单引号'或"双引号"
'''
```

在使用单引号（'）或双引号（"）括起来的字符串中，也可以在行尾使用转义字符（\）实现多行字符串，例如：

```
'多行字符串的例子。\
第一行。\
第二行。'
```

注意，在行尾使用转义字符（\）并不等同于换行符\n，上面的例子相当于

```
'多行字符串的例子。第一行。第二行。'
```

（3）Unicode 字符串

前面介绍的字符串都是处理 ASCII 码字符的，ASCII（American Standard Code for Information Interchange）是基于拉丁字母的一套计算机编码系统。它使用一个字节存储一个字符，主要用于显示现代英语和其他西欧语言。

但是 ASCII 码不能表示世界上所有的语言。例如，中文、日文、韩文等都无法使用 ASCII 码表示。Unicode 是国际组织制定的可以容纳世界上所有文字和符号的字符编码方案，为每种语言中的每个字符设定了统一并且唯一的二进制编码，以满足跨语言、跨平台进行文本转换、处理的要求。如果要在程序中处理中文字符串，则需要使用 Unicode 字符串。

Python 表示 Unicode 字符串的方法很简单，只要在字符串前面加上 u 或 U 前缀即可，例如：

```
u"我是 Unicode 字符串。"
```

3. 布尔值

布尔值通常用来判断条件是否成立。Python 包含两个布尔值，包含 True（逻辑真）和 False（逻辑假）。布尔值区分大小写，也就是说 true 和 TRUE 不能等同于 True。

4. 空值

Python 有一个特殊的空值常量 None。与 0 和空字符串（""）不同，None 表示什么都没有。None 与其他的数据类型比较均返回 False。

2.1.2 变量

变量是内存中命名的存储位置，与常量不同的是变量的值可以动态变化。Python 的标识符命名规则如下。

- 标识符名字的第 1 个字符必须是字母或下划线（_）。

- 标识符名字的第 1 个字符后面可以由字母、下划线（_）或数字（0~9）组成。
- 标识符名字是区分大小写的。也就是说 Score 和 score 是不同的。

例如，_score、Number、_score 和 number123 是有效的变量名；而 123number（以数字开头）、my score（变量名包含空格）和 my-score（变量名包含减号（-））不是有效的变量名。

Python 的变量不需要声明，可以直接使用赋值运算符对其进行赋值操作，根据所赋的值来决定其数据类型。

【例 2-1】 在下面的代码中，定义了一个字符串变量 a、数值变量 b 和布尔类型变量 c。

```
a = "这是一个常量"
b = 2
c = True
```

【例 2-1】的代码中都是将常量赋值到一个变量中；也可以将变量赋值给另外一个变量，例如：

```
a = "这是一个常量";
b = a;
```

此代码将变量 a 的值赋予变量 b，但以后对变量 a 的操作将不会影响到变量 b。每个变量都对应着一块内存空间，因此每个变量都有一个内存地址。变量赋值实际就是将该变量的地址指向赋值给它的常量或变量的地址。

也说是说，变量 a 只是将它的值传递给了变量 b。

【例 2-2】 变量值传递的例子。

```
a = "这是一个变量"
b = a           #此时变量 b 的值应等于变量 a 的值
print(b)
a = "这是另一个变量"
print(b)        #对变量 a 的操作将不会影响到变量 b
```

运行结果如下：

```
这是一个变量
这是一个变量
```

可以看到，变量赋值后修改变量 a 的值并没有影响到变量 b。图 2-2 所示为变量赋值过程的示意图。

可以使用 id()函数输出变量的地址，语法如下：

```
id(变量名)
```

【例 2-3】 用 id()函数输出变量地址的示例程序。

```
str1 = "这是一个变量"
```

```
print("变量 str1 的值是: "+str1)
print("变量 str1 的地址是: %d" %(id(str1)))
str2 = str1
print("变量 str2 的值是: "+str2)
print("变量 str2 的地址是: %d" %(id(str2)))
str1 = "这是另一个变量"
print("变量 str1 的值是: "+str1)
print("变量 str1 的地址是: %d" %(id(str1)))
print("变量 str2 的值是: "+str2)
print("变量 str2 的地址是: %d" %(id(str2)))
```

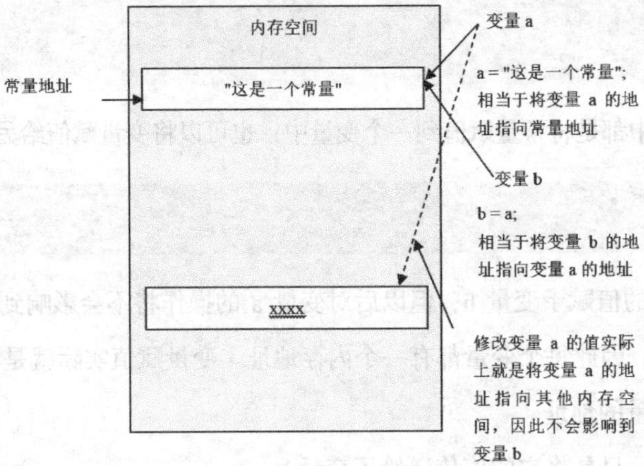

图 2-2　变量赋值过程的示意图

程序首先定义了一个变量 str1，将它赋值为"这是一个变量"；将变量 str1 的地址传递给变量 str2；再修改变量 str1 的值为"这是另一个变量"，在每次赋值后分别打印变量 str1 和 str2 的值。运行结果如下：

```
变量 str1 的值是: 这是一个变量
变量 str1 的地址是: 58752208
变量 str2 的值是: 这是一个变量
变量 str2 的地址是: 58752208
变量 str1 的值是: 这是另一个变量
变量 str1 的地址是: 58752264
变量 str2 的值是: 这是一个变量
变量 str2 的地址是: 58752208
```

可以看到，执行 str2 = str1;语句后，变量 str2 的地址与变量 str1 的地址相同（58752208）。对变量 str1 赋值后，变量 str1 的地址变成 58752264，此时变量 str2 的地址依然是 58752208。

2.1.3　常量与变量的数据类型转换

Python 在定义变量时，不需要指定其数据类型，而是根据每次给变量所赋的值决定其数据类型。但也可以使用函数对常量和变量进行类型转换，以便对它们进行相应的操作。

1. 转换为数字

可以将字符串常量或变量转换为数字，包括如下的情形。

（1）使用 int()函数将字符串转换为整数，语法如下：

```
int(x [,base ])
```

参数 x 是待转换的数字或字符串，参数 base 为可选参数，指定参数 x 的进制，默认为十进制。

（2）使用 long()函数将字符串转换为长整数，语法如下：

```
long(x [,base ])
```

参数的含义与 int()函数相同。

（3）使用 float()函数将字符串或数字转换为浮点数，语法如下：

```
float (x)
```

参数 x 是待转换的字符串或数字。

（4）使用 eval ()函数计算字符串中的有效 Python 表达式，并返回结果，语法如下：

```
eval(str)
```

参数 str 是待计算的 Python 表达式字符串。

【例 2–4】 下面是一个类型转换的例子。

```
a = "1"
b = int(a)+1
print(b)
```

变量 a 被赋值"1"，此时它是字符串变量。然后使用 int()函数将变量转换为整数并加上 1 再赋值给变量 b。最后使用 print ()函数输出变量 b。运行结果为 2。

【例 2–5】 使用 eval ()函数的例子。

```
a = "1+2"
print(eval(a))
```

运行结果为 3。

2. 转换为字符串

可以将数字常量或变量转换为字符串，包括如下的情形。

（1）使用 str ()函数将数值转换为字符串，语法如下：

```
str (x)
```

参数 x 是待转换的数值。

（2）使用 repr ()函数将对象转换为字符串显示，语法如下：

```
repr(obj)
```

参数 obj 是待转换的对象。

（3）使用 chr ()函数将一个整数转换为对应 ASCII 的字符，语法如下：

```
chr(整数)
```

（4）使用 ord()函数将一个字符转换为对应的 ASCII，语法如下：

```
ord(字符)
```

【例 2-6】 使用 chr ()函数和 ord()函数的例子。

```
print(chr(65))
print(ord('A'))
```

运行结果如下：

```
A
65
```

（1）使用 hex()函数将一个整数转换为一个十六进制字符串，语法如下：

```
hex(整数)
```

（2）使用 oct()函数将一个整数转换为一个八进制字符串，语法如下：

```
oct(整数)
```

【例 2-7】 使用 hex()函数和 oct()函数打印 8 的十六进制字符串和八进制字符串。

```
print(hex(8))
print(oct(8))
```

输出的结果如下：

```
0x8
0o10
```

十六进制字符串以 0x 开头，八进制字符串以 0o 开头。

2.2 运算符和表达式

运算符是程序设计语言的最基本元素，它是构成表达式的基础。本节将介绍 Python 语言运算符和表达式。

2.2.1 运算符

Python 支持算术运算符、赋值运算符、位运算符、比较运算符、逻辑运算符、字符串运算符、成员运算符和身份运算符等基本运算符。本小节分别对这些运算符的使用情况进行简单的介绍。

1. 算术运算符

算术运算符可以实现数学运算。Python 的算术运算符如表 2-2 所示。

表 2-2 Python 的算术运算符

算术运算符	具体描述	例 子
+	加法运算	1+2 的结果是 3
–	减法运算	100-1 的结果是 99
*	乘法运算	2*2 的结果是 4
/	除法运算	4/2 的结果是 2.0
%	求模运算	10 % 3 的结果是 1
**	幂运算。x**y 返回 x 的 y 次幂	2**3 的结果是 8
//	整除运算，即返回商的整数部分	9//2 的结果是 4

2. 赋值运算符

赋值运算符的作用是将运算符右侧的常量或变量的值赋值到运算符左侧的变量中。Python 的赋值运算符如表 2-3 所示。

表 2-3 Python 的赋值运算符

赋值运算符	具体描述	例 子
=	直接赋值	x =3;将 3 赋值到变量 x 中
+=	加法赋值	x +=3;等同于 x = x+3;
–=	减法赋值	x -=3;等同于 x = x-3;
*=	乘法赋值	x *=3;等同于 x = x*3;
/=	除法赋值	x /=3;等同于 x = x/3;
%=	取模赋值	x =3;等同于 x = x%3;
**=	幂赋值	x **=3;等同于 x = x**3;
//=	整除赋值	x //=3;等同于 x = x//3;

【例 2-8】 赋值运算符的使用实例。

```
x =3
x += 3
print(x)
x -= 3
```

```
print(x)
x *= 3
print(x)
x /= 3
print(x)
```

运行结果如下：

```
6
3
9
3.0
```

3. 位运算符

位运算符允许对整型数中指定的位进行置位。Python 的位运算符如表 2-4 所示。

表 2-4 Python 的位运算符

位运算符	具体描述
&	按位与运算，运算符查看两个表达式的二进制表示法的值，并执行按位“与”操作。只要两个表达式的某位都为 1，则结果的该位为 1；否则，结果的该位为 0
|	按位或运算，运算符查看两个表达式的二进制表示法的值，并执行按位“或”操作。只要两个表达式的某位有一个为 1，则结果的该位为 1；否则，结果的该位为 0
^	按位异或运算。异或的运算法则为：0 异或 0=0，1 异或 0=1，0 异或 1=1，1 异或 1=0
~	按位非运算。0 取非运算的结果为 1；1 取非运算的结果为 0
<<	位左移运算，即所有位向左移
>>	位右移运算，即所有位向右移

4. 比较运算符

比较运算符是对两个数值进行比较，返回一个布尔值。Python 的比较运算符如表 2-5 所示。

表 2-5 Python 的比较运算符

比较运算符	具体描述
==	等于运算符（两个=）。例如 a==b，如果 a 等于 b，则返回 True；否则返回 False
!=	不等运算符。例如 a!=b，如果 a 不等于 b，则返回 True；否则返回 False
<>	不等运算符，与!=相同
<	小于运算符
>	大于运算符
<=	小于等于运算符
>=	大于等于运算符

5. 逻辑运算符

Python 支持的逻辑运算符如表 2-6 所示。

表 2-6 Python 的逻辑运算符

逻辑运算符	具体描述
and	逻辑与运算符。例如 a and b，当 a 和 b 都为 True 时等于 True；否则等于 False
or	逻辑或运算符。例如 a or b，当 a 和 b 至少有一个为 True 时等于 True；否则等于 False
not	逻辑非运算符。例如 not a，当 a 等于 True 时，表达式等于 False；否则等于 True

【例 2-9】 逻辑运算符的使用实例。

```
x =True
y = False
print("x and y = ", x and y)
print("x or y = ", x or y)
print("not x = ", not x)
print("not y = ", not y)
```

运行结果如下：

```
x and y =  False
x or y =  True
not x =  False
not y =  True
```

6. 字符串运算符

Python 支持的字符串运算符如表 2-7 所示。

表 2-7 Python 的字符串运算符

字符串运算符	具体描述
+	字符串连接
*	重复输出字符串（*后为重复输出的次数）
[]	获取字符串中指定索引位置的字符，索引从 0 开始
[start, end]	截取字符串中的一部分，从索引位置 start 开始到 end 结束（不包含 end）
in	成员运算符，如果字符串中包含给定的字符则返回 True
not in	成员运算符，如果字符串中未包含给定的字符则返回 True
r 或者 R	指定原始字符串。原始字符串是指所有的字符串都是直接按照字面的意思来使用，没有转义字符、特殊字符或不能打印的字符。 原始字符串字符串的第一个引号前加上字母“r”或“R”

【例 2-10】 字符串运算符的例子。

```
b = "hello "
a = b + "world!"
print(a)
print (a*2)
print (r"hello\nworld!")
```

运行结果如下：

```
hello world!
hello world!hello world!
hello\nworld!
```

7. 运算符优先级

Python 支持运算符的优先级如表 2-8 所示。

表 2-8　运算符的优先级

运算符	具体描述
**	指数运算的优先级最高
~ + -	逻辑非运算符和正数/负数运算符。注意，这里的+和-不是加减运算符
* / % //	乘、除、取模和取整除
+ -	加和减
>> <<	位右移运算和位左移运算
&	按位与运算
^ |	按位异或运算和按位或运算
> == !=	大于、等于和不等于
%= /= //= -= += *= **=	赋值运算符
is is not	身份运算符，用于判断两个标识符是不是引用自一个对象
in not in	成员运算符，用于判断序列中是否包含指定成员
not or and	逻辑运算符

2.2.2　表达式

表达式由常量、变量和运算符等组成。在 2.2.1 节中介绍运算符的时候，已经涉及了一些表达式，例如：

```
a = b + c
a = b - c
a = b * c
a = b / c
a = b % c
a += 1
b = a**2
```

在本书后续章节中介绍的数组、函数、对象等都可以成为表达式的一部分。

2.3　常用语句

本节将介绍 Python 语言的常用语句，包括赋值语句、分支语句、循环语句、注释语句和其他常用语句等。使用这些语句就可以编写简单的 Python 程序了。

2.3.1　赋值语句

赋值语句是 Python 语言中最简单、最常用的语句。通过赋值语句可以定义变量并为其赋初始值。在 2.2.1 节介绍赋值运算符时，已经涉及了赋值语句，例如：

```
a = 2
b = a + 5
```

除了使用=赋值，还可以使用 2.2.1 节介绍的其他赋值运算符进行赋值。

【例 2-11】　赋值语句的例子。

```
a = 10
a += 1
print (a)
a*= 10
print (a)
a**= 2
print (a)
```

运行结果如下：

```
11
110
12100
```

2.3.2　条件分支语句

条件分支语句指当指定表达式取不同的值时，程序运行的流程也发生相应的分支变化。Python 提供的条件分支语句包括 if 语句、else 语句和 elif 语句。

1. if 语句

if 语句是最常用的一种条件分支语句，其基本语法结构如下：

```
if 条件表达式:
    语句块
```

当“条件表达式”等于 True 时，执行“语句块”。if 语句的流程图如图 2-3 所示。

【例 2-12】　if 语句的例子。

```
if a > 10:
    print("变量 a 大于 10")
```

如果语句块中包含多条语句，则这些语句必须拥有相同的缩进。例如：

```
if a > 10:
print("变量 a 大于 10")
a = 10
```

if 语句可以嵌套使用。也就是说在<语句块>中还可以使用 if 语句。

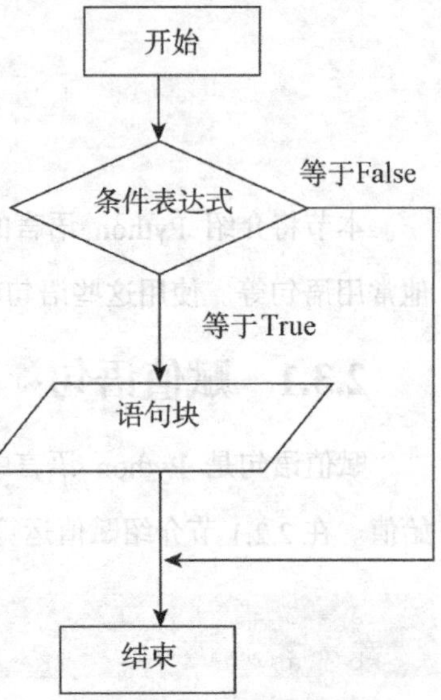

图 2-3　if 语句的流程图

【例 2-13】　嵌套 if 语句的例子。

```
if a > 10:
    print("变量 a 大于 10")
    if a > 100:
        print("变量 a 大于 100")
}
```

2. else 语句

可以将 else 语句与 if 语句结合使用，指定不满足条件时所执行的语句。其基本语法结构如下：

```
if 条件表达式:
    语句块 1
else:
    语句块 2
```

当条件表达式等于 True 时，执行语句块 1，否则执行语句块 2。if…else…语句的流程图如图 2-4 所示。

【例 2-14】　if...else...语句的例子。

```
if a > 10:
    print("变量 a 大于 10")
else:
    print("变量\$a 小于或等于 10");
```

3. elif 语句

elif 语句是 else 语句和 if 语句的组合，当不满足 if 语句中指定的条件时，可以再使用 elif 语句指定另外一个条件，其基本语法结构如下：

```
if 条件表达式 1:
    语句块 1
```

```
elif 条件表达式 2:
    语句块 2
elif 条件表达式 3:
    语句块 3
......
else:
    语句块 n
```

在一个 if 语句中，可以包含多个 elif 语句。if…elif…else…语句的流程图如图 2-5 所示。

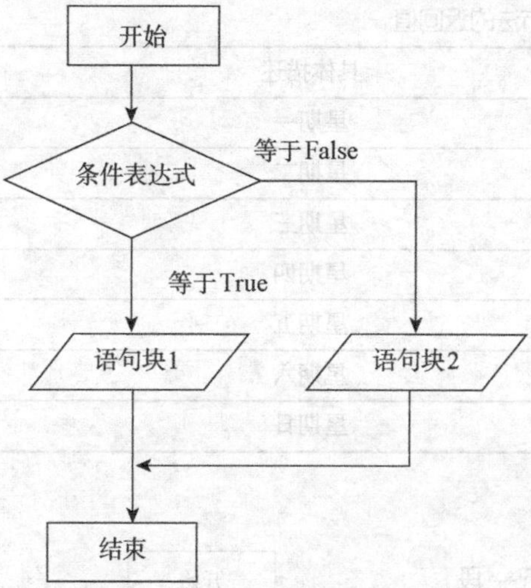

图 2-4　if…else…语句的流程图

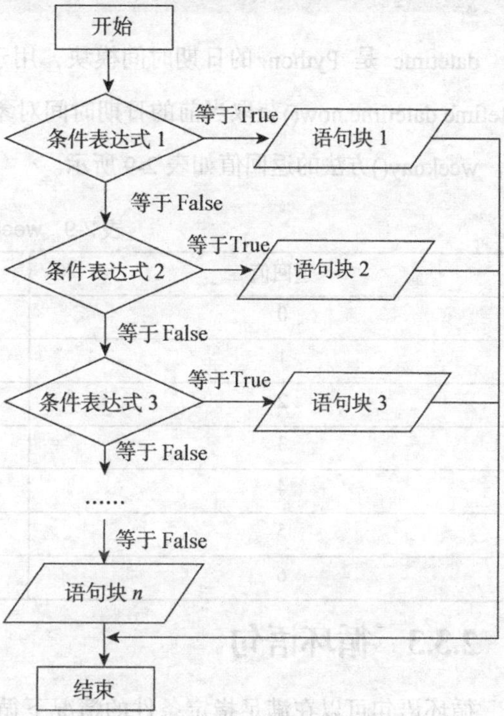

图 2-5　if…elif…else…语句的流程图

【例 2-15】　下面是一个显示当前系统日期的 Python 代码，其中使用到了 if 语句、elif 语句和 else 语句。

```
import datetime
str = "今天是"

d=datetime.datetime.now()
print(d.weekday())
if d.weekday()==0:
   str += "星期一"
elif d.weekday()==1:
   str += "星期二"
elif d.weekday()==2:
   str += "星期三"
```

```
    elif d.weekday()==3:
        str += "星期四"
    elif d.weekday()==4:
        str += "星期五"
    elif d.weekday()==5:
        str += "星期六"
    else:
        str += "星期日"

    print(str)
```

datetime 是 Python 的日期时间模块，用于实现日期时间的相关操作。本实例只涉及使用 datetime.datetime.now()获取当前的日期时间对象 d，然后使用 d.weekday()方法获取今天是星期几。weekday()方法的返回值如表 2-9 所示。

表 2-9 weekday()方法的返回值

返回值	具体描述
0	星期一
1	星期二
2	星期三
3	星期四
4	星期五
5	星期六
6	星期日

2.3.3 循环语句

循环语句可以在满足指定条件的情况下循环执行一段代码。

Python 中的循环语句包括 while 语句和 for 语句。

1. while 语句

while 语句的基本语法结构如下：

```
while 条件表达式:
    循环语句体
```

当条件表达式等于 True 时，程序循环执行循环语句体中的代码。while 语句的流程图如图 2-6 所示。

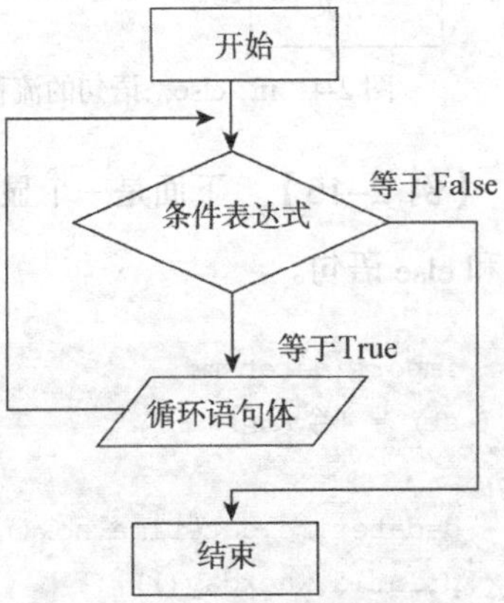

图 2-6 while 语句的流程图

提示

在通常情况下，循环语句体中会有代码来改变条件表达式的值，从而使其等于 False 而结束循环语句。如果退出循环的条件一直无法满足，则会产生死循环。这是程序员不希望看到的。

【例 2-16】 下面通过一个实例来演示 while 语句的使用。

```
i = 1
sum = 0
while i<11:
    sum += i
    i+= 1
print(sum)
```

程序使用 while 循环计算从 1 累加到 10 的结果。每次执行循环体时，变量 i 会增 1，当变量 i 等于 11 时，退出循环。运行结果为 55。

2. for 语句

for 语句的基本语法结构如下：

```
for i in range(start, end):
    循环体
```

程序在执行 for 语句时，循环计数器变量 i 被设置为 start，然后执行循环体语句。i 依次被设置为从 start 开始至 end 的所有值，每设置一个新值都执行一次循环体语句。当 i 等于 end 时，退出循环。

【例 2-17】 下面通过一个实例来演示 for 语句的使用。

```
i = 1
sum = 0
for i in range(1, 11):
    print(i)
    sum+=i

print(sum)
```

程序使用 for 语句循环计算从 1 累加到 10 的结果。循环计数器 i 的初始值被设置为 1，每次循环变量 i 的值增加 1；当 i 等于 11 时退出循环。运行结果为 55。

for 语句还可以用于遍历元组、列表、字典和集合等序列对象，具体方法将在本章后半部分介绍。

3. continue 语句

在循环体中使用 continue 语句可以跳过本次循环后面的代码，重新开始下一次循环。

【例 2-18】 计算 1~100 之间偶数之和。

```
i = 1
sum = 0
for i in range(1, 101):
    if i%2  == 1:
        continue
```

```
    sum+=i

print(sum)
```

如果 i % 2 等于 1，则表示变量 i 是奇数。此时执行 continue 语句开始下一次循环，并不将其累加到变量 sum 中。

4. break 语句

在循环体中使用 break 语句可以跳出循环体。

【例 2-19】 将【例 2-16】修改为使用 break 语句跳出循环体。

```
i = 1
sum = 0
while True:
    if i== 11
        break
    sum += i
    i+= 1
print(sum)
```

while 语句条件表达式为 True，正常情况下程序会一直循环下去。在循环体内如果变量 i 的值等于 11，则执行 break 语句退出循环。

2.3.4 try-except 异常处理语句

程序在运行过程中可能会出现异常情况，使用异常处理语句可以捕获到异常情况，并进行处理，从而避免程序异常退出。

Python 的异常处理语句 try-except，语法如下：

```
try:
    <try 语句块>
except [<异常处理类>, <异常处理类>,….] as <异常处理对象>:
    <异常处理代码>
finally:
    <最后执行的代码>
```

在程序运行过程中，如果<try 语句块>中的某一条语句出现异常，则程序将找到与异常类型相匹配的异常处理类，并执行 except 语句中的异常处理代码。在 try 语句块后面可以跟一个 except 块，需要指定一个或多个异常处理类。

【例 2-20】 下面的实例演示当发生除 0 错误时不进行异常处理的情况。

```
i = 10;
print(30 / (i - 10))
```

程序中存在一个 30/0 的错误，运行该程序会出现下面的报错信息。

```
Traceback (most recent call last):
  File "D:\MyBooks\2014\python\源代码\02\例 2-20.py", line 2, in <module>
    print(30 / (i - 10))
ZeroDivisionError: division by zero
```

在没有异常处理代码的情况下，当程序运行过程中出现异常时，程序弹出异常信息，然后退出。这给用户的感觉很不友好。

【例 2-21】　下面的实例演示当发生除 0 错误时进行异常处理的情况。

```
try:
    i = 10
    print(30 / (i - 10))
except Exception as e:
    print(e)
finally:
    print("执行完成")
```

在程序中增加了 try-except 语句后，运行结果如下：

```
division by zero
执行完成
```

在 except 语句块中，程序定义了一个 Exception 对象 e，用于接收异常处理对象。打印 e 可以输出异常信息。因为程序已经捕获到异常信息，所以不会出现异常情况而退出。

通常可以在 finally 语句块中释放资源。

2.4　序列数据结构

序列是 Python 用于存储一组项目的数据结构，包括列表、元组、字典和集合。

2.4.1　列表的应用与实例

列表（List）是一组有序存储的数据。例如，饭店点餐的菜单就是一种列表。列表具有如下特性。

- 和变量一样，每个列表都有一个唯一标识它的名称。
- 列表中元素的类型可以相同，也可以不同。它支持数字，字符串甚至可以包含列表。
- 每个列表元素都有索引和值两个属性，索引是一个从 0 开始的整数，用于标识元素在列表中的位置；值就是元素对应的值。

1. 定义列表

下面是一个列表的定义，列表元素用[]括起来。

```
menulist = ['红烧肉', '熘肝尖', '西红柿炒鸡蛋', '油焖大虾']
```

2. 打印列表

可以直接使用 print()函数打印列表，方法如下：

```
print(列表名)
```

【例 2-22】 打印列表的内容。

```
menulist = ['红烧肉', '熘肝尖', '西红柿炒鸡蛋', '油焖大虾']
print(menulist)
```

运行结果如下：

```
['红烧肉', '熘肝尖', '西红柿炒鸡蛋', '油焖大虾']
```

3. 获取列表长度

列表长度指列表中元素的数量。可以通过 len()函数获取列表的长度，方法如下：

```
len(列表名)
```

【例 2-23】 获取列表长度。

```
menulist = ['红烧肉', '熘肝尖', '西红柿炒鸡蛋', '油焖大虾']
print(len(menulist))
```

运行结果如下：

```
4
```

4. 访问列表元素

列表由列表元素组成。对列表的管理就是对列表元素的访问和操作。可以通过下面的方法获取列表元素的值：

```
列表名[index]
```

index 是元素索引，第 1 个元素的索引是 0，最后一个元素的索引是列表长度-1。

【例 2-24】 访问列表元素的例子。

```
menulist = ['红烧肉', '熘肝尖', '西红柿炒鸡蛋', '油焖大虾']
print(menulist[0])
print(menulist[3])
```

程序打印列表中索引为 0 和 3 的元素，运行结果如下：

```
红烧肉
```

```
油焖大虾
```

5. 添加列表元素

可以通过 append()函数在列表尾部添加元素，具体方法如下：

```
列表名.append(新值)
```

【例 2-25】　通过 append()函数添加列表元素的例子。

```
menulist = ['红烧肉', '熘肝尖', '西红柿炒鸡蛋', '油焖大虾']
menulist.append('北京烤鸭')
print(menulist)
```

程序调用 append()函数在列表 menulist 的尾部添加元素“北京烤鸭”，运行结果如下：

```
['红烧肉', '熘肝尖', '西红柿炒鸡蛋', '油焖大虾', '北京烤鸭']
```

还可以通过 insert()函数在列表的指定位置插入一个元素，具体方法如下：

```
列表名. insert(插入位置, 新值)
```

【例 2-26】　通过 insert()函数添加列表元素的例子。

```
menulist = ['红烧肉', '熘肝尖', '西红柿炒鸡蛋', '油焖大虾']
menulist.insert(1, '北京烤鸭')
print(menulist)
```

程序调用 insert()函数在列表 menulist 索引为 1 的位置插入元素“北京烤鸭”，运行结果如下：

```
['红烧肉', '北京烤鸭', '熘肝尖', '西红柿炒鸡蛋', '油焖大虾']
```

还可以通过 extend()函数将一个列表中的每个元素分别添加到另一个列表中，具体方法如下：

```
列表1名.extend(列表2名)
```

【例 2-27】　通过 extend()函数添加列表元素的例子。

```
menulist1 = ['红烧肉', '熘肝尖']
menulist2 = ['西红柿炒鸡蛋', '油焖大虾']
menulist1. extend (menulist2)
print(menulist1)
```

程序调用 extend()函数将列表 menulist2 中的每个元素分别添加到列表 menulist1，运行结果如下：

```
['红烧肉', '熘肝尖', '西红柿炒鸡蛋', '油焖大虾']
```

6. 合并 2 个列表

可以使用“+”运算符将两个列表合并，得到一个新的列表，具体方法如下：

```
列表 3=列表 1 + 列表 2
```

【例 2-28】 合并两个列表的例子。

```
menulist1 = ['红烧肉', '熘肝尖', '西红柿炒鸡蛋']
menulist2 = ['北京烤鸭', '西红柿炒鸡蛋', '油焖大虾']
menulist3 = menulist1 + menulist2
print(menulist3)
```

运行结果如下：

```
['红烧肉', '熘肝尖', '西红柿炒鸡蛋', '北京烤鸭', '西红柿炒鸡蛋', '油焖大虾']
```

可以看到，使用“+”运算符合并两个列表后重复的元素同时出现在新列表中。

7. 删除列表元素

使用 del 语句可以删除指定的列表元素，具体方法如下：

```
del 列表名[索引]
```

【例 2-29】 使用 del 语句删除列表元素的例子。

```
menulist = ['红烧肉', '熘肝尖', '西红柿炒鸡蛋']
del menulist[0]
print(menulist)
```

运行结果如下：

```
['熘肝尖', '西红柿炒鸡蛋']
```

可以看到，列表中的第一个元素已经被删除。

8. 定位列表元素

可以使用 index()函数获取列表中某个元素的索引。其基本语法如下：

```
列表名.index(元素值)
```

函数返回元素值在列表中某个元素的索引，如果不存在，则会出现异常。

【例 2-30】 使用 index ()函数的例子。

```
menulist = ['红烧肉', '熘肝尖', '西红柿炒鸡蛋']
print(menulist.index('红烧肉'))
print(menulist.index('西红柿炒鸡蛋'))
```

运行结果如下：

```
0
```

```
2
```

9. 遍历列表元素

遍历列表就是一个一个地访问列表元素，这是使用列表时的常用操作。

可以使用 for 语句和 range()函数遍历列表索引，然后通过索引依次访问每个列表元素，方法如下：

```
for i in range(len(list)):
    访问 list[i]
```

【例 2-31】 for 语句和 range()函数遍历列表。

```
list = ['王二', '张三', '李四', '王五'];
for i in range(len(list)):
    print(list[i])
```

程序的运行结果如下：

```
王二
张三
李四
王五
```

也可以使用 for 语句和 enumerate()函数同时遍历列表的元素索引和元素值，方法如下：

```
for 索引，元素值 in enumerate(list):
    访问索引和元素值
```

【例 2-32】 for 语句和 enumerate()函数遍历列表。

```
list = ['王二', '张三', '李四', '王五']
for index,value in enumerate(list):
    print("第%d 个元素值是【%s】" %(index, value))
```

程序的运行结果如下：

```
第 0 个元素值是【王二】
第 1 个元素值是【张三】
第 2 个元素值是【李四】
第 3 个元素值是【王五】
```

10. 列表排序

列表排序操作是按列表元素值的升序、降序或反序重新排列列表元素的位置。

可以使用 sort()函数对列表进行升序排列，其语法如下：

```
列表名.sort()
```

调用 sort()函数后，列表被排序。

【例 2-33】 使用 sort()函数对列表进行升序排列。

```
list = ['apple', 'banana', 'pear', 'grape']
list.sort()
print(list)
```

程序的运行结果如下：

```
['apple', 'banana', 'grape', 'pear']
```

可以使用 reverse()函数对列表进行反序排列，其语法如下：

```
列表名.reverse()
```

调用 reverse ()函数后，列表元素被反序排列。

【例 2-34】 使用 reverse ()函数对列表进行反序排列。

```
list = ['apple', 'banana', 'pear', 'grape']
list.reverse()
print(list)
```

程序的运行结果如下：

```
['grape', 'pear', 'banana', 'apple']
```

如果希望对列表元素进行降序排列，则可以先使用 sort()函数进行升序排列，然后调用 reverse ()函数对列表进行反序排列。

【例 2-35】 对列表进行反序排列。

```
list = ['apple', 'banana', 'pear', 'grape']
list.sort()
list.reverse()
print(list)
```

程序的运行结果如下：

```
['pear', 'grape', 'banana', 'apple']
```

11. 产生一个数值递增列表

使用 range()函数可以产生一个数值递增列表，它的基本语法结构如下：

```
range(start, end)
```

参数说明如下。

- start：一个整数，指定产生的列表的起始元素值。start 为可选参数，默认值为 0。
- end：一个整数，指定产生的列表的结束元素值。

range()函数返回一个列表，该列表由从 start 开始至 end 结束（不包含 end）的整数组成。

【例 2–36】　使用 range()函数产生一个数值递增列表的应用实例。

```
list1 = range(10)
list2 = range(11, 20)
#打印 list1
for index,value in enumerate(list1):
    print("list1 的第%d 个元素值是【%s】" %(index, value))
#打印 list2
for index,value in enumerate(list2):
    print("list2 的第%d 个元素值是【%s】" %(index, value))
```

程序的运行结果如下：

```
list1 的第 0 个元素值是【0】
list1 的第 1 个元素值是【1】
list1 的第 2 个元素值是【2】
list1 的第 3 个元素值是【3】
list1 的第 4 个元素值是【4】
list1 的第 5 个元素值是【5】
list1 的第 6 个元素值是【6】
list1 的第 7 个元素值是【7】
list1 的第 8 个元素值是【8】
list1 的第 9 个元素值是【9】
list2 的第 0 个元素值是【11】
list2 的第 1 个元素值是【12】
list2 的第 2 个元素值是【13】
list2 的第 3 个元素值是【14】
list2 的第 4 个元素值是【15】
list2 的第 5 个元素值是【16】
list2 的第 6 个元素值是【17】
list2 的第 7 个元素值是【18】
list2 的第 8 个元素值是【19】
```

12. 定义多维列表

可以将多维列表视为列表的嵌套，即多维列表的元素值也是一个列表，只是比其父列表少一个维度。二维列表的元素值是一维列表，三维列表的元素值是二维列表，依此类推。

【例 2–37】　一个定义二维列表的例子。

```
list2 = [["CPU", "内存"], ["硬盘","声卡"]]
```

此时列表 list2 的内容如图 2-7 所示。

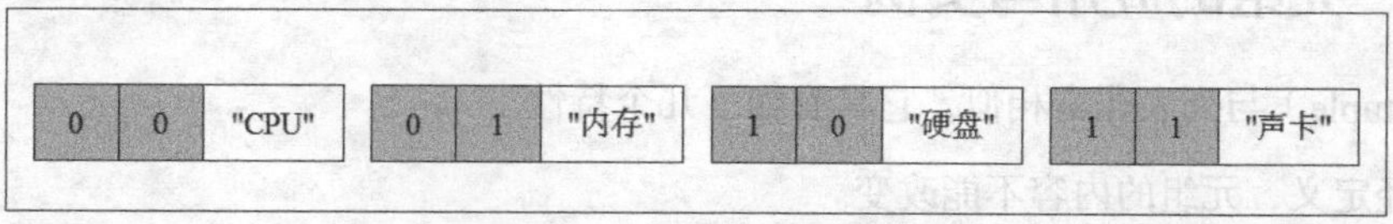

图 2-7　例 2-36 中列表 list2 的内容

【例 2–38】 打印二维列表。

```
list2 = [["CPU", "内存"], ["硬盘","声卡"]]
for i in range(len(list2)):
    print(list2[i])
```

运行结果如下：

```
['CPU', '内存']
['硬盘', '声卡']
```

【例 2–39】 使用嵌套 for 语句打印二维列表的每一个元素。

```
list2 = [["CPU", "内存"], ["硬盘","声卡"]]
for i in range(len(list2)):
    list1 = list2[i]
    for j in range(len(list1)):
        print(list1[j])
```

运行结果如下：

```
CPU
内存
硬盘
声卡
```

二维列表比一维列表多一个索引，可以使用下面的方法获取二维列表元素的值：

```
列表名[索引 1] [索引 2]
```

【例 2–40】 使用嵌套两个索引访问二维列表的每一个元素。

```
list2 = [["CPU", "内存"], ["硬盘","声卡"]]
for i in range(len(list2)):
    for j in range(len(list2[i])):
        print(list2[i][j])
```

运行结果与【例 2-39】相同。

```
CPU
内存
硬盘
声卡
```

2.4.2 元组的应用与实例

元组（tuple）与列表非常相似，它具有如下几个特性。

- 一经定义，元组的内容不能改变。
- 元组元素可以存储不同类型的数据，可以是字符串、数字，甚至是元组。

● 元组元素由圆括号括起来，例如：

```
t = (1, 2, 3, 4)
```

1. 访问元组元素

与列表一样，可以使用索引访问元组元素，方法如下：

```
元组名[索引]
```

【例 2-41】 访问元组元素的例子。

```
t = (1, 2, 3, 4)
print(t[0])
print(t[3])
```

程序打印元组中索引为 0 和 3 的元素，运行结果如下：

```
1
4
```

2. 获取元组长度

元组长度指元组中元素的数量。可以通过 len()函数获取元组的长度，方法如下：

```
len(元组名)
```

【例 2-42】 打印元组的长度。

```
t = (1, 2, 3, 4)
print(len(t))
```

运行结果为 4。

3. 遍历元组元素

与列表一样，可以使用 for 语句和 range()函数遍历列表索引，然后通过索引依次访问每个元组元素，方法如下：

```
for i in range(len(tuple)):
    访问 tuple [i]
```

【例 2-43】 for 语句和 range()函数遍历列表。

```
t = ('王二', '张三', '李四', '王五')
for i in range(len(t)):
    print(t[i])
```

程序的运行结果如下：

```
王二
```

```
张三
李四
王五
```

也可以使用 for 语句和 enumerate()函数同时遍历元组的元素索引和元素值，方法如下：

```
for 索引，元素值 in enumerate(tuple):
    访问索引和元素值
```

【例 2-44】 for 语句和 enumerate()函数遍历列表。

```
tuple = ('王二', '张三', '李四', '王五');
for index,value in enumerate(tuple):
    print("第%d 个元素值是【%s】" %(index, value))
```

程序的运行结果如下：

```
第 0 个元素值是【王二】
第 1 个元素值是【张三】
第 2 个元素值是【李四】
第 3 个元素值是【王五】
```

4. 排序

因为元组的内容不能改变，所以元组没有 sort()和 reverse()函数。可以将元组转换为列表，然后再对列表排序，最后将排序后的列表赋值给元组。

可以使用下面的方法将元组转换为列表。

```
列表对象 = list(元组对象)
```

将列表转换为元组的方法如下：

```
元组对象 = tuple(列表对象)
```

【例 2-45】 对元组进行排列。

```
t = ('apple', 'banana', 'pear', 'grape')
l = list(t)
l.sort()
t = tuple(l)
print(t)
```

程序的运行结果如下：

```
('apple', 'banana', 'grape', 'pear')
```

【例 2-46】 使用 reverse ()函数对元组进行反序排列。

```
t = ('apple', 'banana', 'pear', 'grape')
l = list(t)
l.reverse()
t = tuple(l)
print(t)
```

2.4.3 字典的应用与实例

字典也是在内存中保存一组数据的数据结构，与列表不同的是：每个字典元素都有键（key）和值（value）两个属性，键用于定义和标识字典元素，键可以是一个字符串，也可以是一个整数；值是字典元素对应的值。因此，字典元素就是一个“键/值”对。

图 2-8 是字典的示意图。灰色方块中是数组元素的键，白色方块中是数组元素的值。

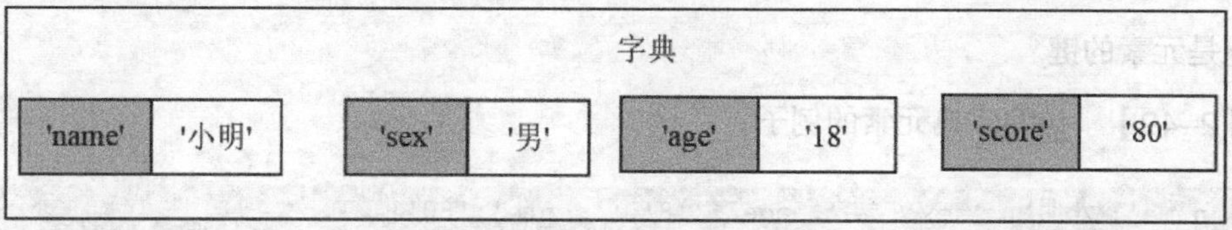

图 2-8 字典的示意图

1. 定义字典

字典元素使用{}括起来，例如，下面的语句可以定义一个空字典。

```
d1 = {};
```

也可以在定义字典时指定里面的元素，每个元素由键和值组成，键和值之间由冒号（:）分隔，元素间由逗号（,）分隔。例如：

```
d2={'name':'小明', 'sex':'男','age':'18', 'score':'80'}
```

2. 打印字典

可以直接使用 print()函数打印字典，方法如下：

```
print(字典名)
```

【例 2-47】 打印字典的内容。

```
d={'name':'小明', 'sex':'男','age':'18', 'score':'80'}
print(d)
```

运行结果如下：

```
{'name': '小明', 'sex': '男', 'age': '18', 'score': '80'}
```

3．获取字典长度

字典长度指字典中元素的数量。可以通过 len()函数获取字典的长度，方法如下：

```
len(字典名)
```

【例 2-48】 打印字典的长度。

```
d={'name':'小明', 'sex':'男','age':'18', 'score':'80'}
print(len(d))
```

运行结果为 4。

4．访问字典元素

字典由字典元素组成。对字典的管理就是对字典元素的访问和操作。可以通过下面的方法获取字典元素的值：

```
字典名[key]
```

key 是元素的键。

【例 2-49】 访问字典元素的例子。

```
d={'name':'小明', 'sex':'男','age':'18', 'score':'80'}
print(d['name'])
print(d['sex'])
print(d['age'])
print(d['score'])
```

程序打印字典中键为 'name'、'sex'、'age'、'score' 的元素，运行结果如下：

```
小明
男
18
80
```

5．添加字典元素

可以通过赋值在字典中添加元素，具体方法如下：

```
字典名[键] = 值
```

如果字典中不存在指定键，则添加；否则修改键值。

【例 2-50】 添加字典元素的例子。

```
d={'name':'小明', 'sex':'男','age':'18'}
d['score'] = '80'
print(d)
```

运行结果如下：

```
{'name': '小明', 'sex': '男', 'age': '18', 'score': '80'}
```

6. 合并 2 个字典

可以使用 update()函数将两个字典合并，具体方法如下：

```
字典 1 名.update(字典 2 名)
```

【例 2-51】　合并两个字典的例子。

```
d1={'name':'小明', 'sex':'男'}
d2={'age':'18', 'score': '80'}
d1.update(d2)
print(d1)
```

运行结果如下：

```
{'name':'小明','sex':'男','age':'18', 'score':'80'}
```

可以看到，d2 的元素被合并到 d1 中。

7. 删除字典元素

使用 pop()函数可以删除指定的字典元素。具体方法如下：

```
字典名.pop(键)
```

【例 2-52】　使用 pop()函数删除字典元素的例子。

```
d={'age': '18', 'name': '小明', 'score': '80', 'sex': '男'}
d.pop('score')
print(d)
```

运行结果如下：

```
{'age':'18', 'name':'小明', 'sex':'男'}
```

可以看到，字典中键为'score'的元素已经被删除。

8. 判断字典是否存在元素

可以使用 in 关键字判断字典中是否存在指定键的元素。其基本语法如下：

```
键 in 字典名
```

如果字典中存在指定键的元素，则表达式返回 True；否则返回 False。

【例 2-53】　使用 in 关键字的例子。

```
d={'age': '18', 'name': '小明', 'score': '80', 'sex': '男'}
if 'name1' in d:
    print(d['name1'])
else:
    print('不包含键为 name1 的元素')
```

运行结果如下：

```
不包含键为 name1 的元素
```

9. 遍历字典元素

可以使用 for…in 语句遍历字典的键和值，方法如下：

```
for key in 字典名.keys(): # 遍历字典的键
    访问 字典名[key]
for key in 字典名.values(): # 遍历字典的值
    访问 字典名[key]
```

【例 2-54】 使用 for…in 语句遍历字典的键。

```
d={'age': '18', 'name': '小明', 'score': '80', 'sex': '男'}
for key in d.keys(): # 遍历字典的键
    print('键'+key+ '的值：'+ d[key])
```

程序的运行结果如下：

```
键 age 的值：18
键 name 的值：小明
键 score 的值：80
键 sex 的值：男
```

【例 2-55】 使用 for…in 语句遍历字典的值。

```
d={'age': '18', 'name': '小明', 'score': '80', 'sex': '男'}
for value in d.values(): # 遍历字典的值
    print(value)
```

程序的运行结果如下：

```
18
小明
80
男
```

10. 清空字典

使用 clear()函数可以清空指定的字典所有元素。具体方法如下：

```
字典名.clear()
```

【例 2-56】 使用 clear ()函数清空字典元素的例子。

```
d={'age': '18', 'name': '小明', 'score': '80', 'sex': '男'}
d. clear()
print(d)
```

运行结果如下：

```
{}
```

可以看到，字典已经被清空。

11. 字典的嵌套

字典里面还可以嵌套字典，例如：

```
{'name':{'first':'Johney','last':'Lee'},'age':40}
```

可以通过下面的方式访问嵌套字典。

```
字典名[键][键]
```

【例 2-57】 使用嵌套字典的例子。

```
d={'name':{'first':'Johney','last':'Lee'},'age':40}
print(d['name'][ 'first'])
```

运行结果如下：

```
Johney
```

2.4.4 集合的应用与实例

集合由一组无序排列的元素组成，可以分为可变集合（set）和不可变集合（frozenset）。可变集合创建后可以添加元素、修改元素和删除元素。而不可变集合创建后则不能改变。

集合元素用{}括起来。

1. 创建集合

可以使用 set()函数创建可变集合，例如：

```
s = set('python')
```

【例 2-58】 创建可变集合的例子。

```
s = set('python')
print(type(s))
print(s)
```

运行结果如下：

```
<class 'set'>
{'t', 'o', 'y', 'p', 'n', 'h'}
```

可以看到 s 的类型是类 set，生成的集合 s 中元素是无序的。

可以使用 frozenset ()函数创建不可变集合，例如：

```
s = frozenset('python')
```

【例 2-59】 创建不可变集合的例子。

```
fs = frozenset('python')
print(type(fs))
print(fs)
```

运行结果如下：

```
<class 'frozenset'>
frozenset({'n', 'y', 'h', 'o', 'p', 't'})
```

可以看到，生成的集合 fs 的类型是类 frozenset，fs 中元素是无序的。

2. 获取集合长度

集合长度指集合中元素的数量。可以通过 len()函数获取集合的长度，方法如下：

```
len(集合名)
```

【例 2–60】 打印集合的长度。

```
s = set('python')
print(len(s))
```

运行结果为 6。

3. 访问集合元素

由于集合本身是无序的，所以不能为集合创建索引或切片操作，只能循环遍历集合元素。

【例 2–61】 遍历集合元素的例子。

```
s = set('python')
for e in s:
    print(e)
```

程序运行结果如下：

```
p
t
o
h
y
n
```

4. 添加集合元素

可以通过调用 add()函数在集合中添加元素，具体方法如下：

```
集合名.add(值)
```

提示 只能在可变集合中添加元素。不能在不可变集合中添加元素。

【例 2-62】 添加一个集合元素的例子。

```
s = set('python')
s.add('0')
print(s)
```

运行结果如下：

```
{'t', 'y', 'h', 'p', 'o', '0', 'n'}
```

可以看到，'0'出现在集合 s 中。

也可以使用 update()函数将另外一个集合的元素添加到指定集合中，具体方法如下：

```
集合名. update(值)
```

【例 2-63】 添加多个集合元素的例子。

```
s = set([1, 2, 3])
s.update([4, 5, 6])
print(s)
```

运行结果如下：

```
{1, 2, 3, 4, 5, 6}
```

5. 删除集合元素

可以使用 remove()函数删除指定的集合元素。具体方法如下：

```
集合名. remove(值)
```

使用 clear()函数可以清空指定的集合所有元素。具体方法如下：

```
集合名.clear()
```

【例 2-64】 删除集合元素的例子。

```
s = set([1, 2, 3])
s.remove(1)
print(s)
s.clear()
print(s)
```

运行结果如下：

```
{2 ,3}
set()
```

可以看到，用 remove()函数删除了元素 1。调用 clear()函数后，集合被清空了。

6. 判断集合是否存在元素

可以使用 in 判断集合中是否存在指定值的元素。其基本语法如下：

```
值 in 集合
```

如果集合中存在指定值的元素，则表达式返回 True；否则返回 False。

【例 2-65】 判断集合是否存在指定元素的例子。

```
s = set([1, 2, 3])
if 2 in s:
    print('存在')
else:
    print('不存在')
```

运行结果如下：

```
存在
```

7. 遍历集合元素

可以使用 for…in 语句遍历集合的值，方法如下：

```
for element in 集合:
    访问 element
```

【例 2-66】 使用 for…in 语句遍历集合。

```
s = set([1, 2, 3])
for e in s: # 遍历集合
    print(e)
```

程序的运行结果如下：

```
1
2
3
```

8. 子集和超集

对于两个集合 A 与 B，如果集合 A 的任何一个元素都是集合 B 的元素，我们就说集合 A 包含于集合 B，或集合 B 包含集合 A，也可以说集合 A 是集合 B 的子集。如果集合 A 的任何一个元素都是集合 B 的元素，而集合 B 中至少有一个元素不属于集合 A，则称集合 A 是集合 B 的真子集。空集是任何集合的子集。任何一个集合是它本身的子集，空集是任何非空集合的真子集。

如果集合 A 是集合 B 的子集，则称集合 B 是集合 A 的超集。

可以使用表 2-10 所示的操作符判断两个集合的关系。

表 2-10　判断 2 个集合关系的操作符

操作符	实例	具体描述
==	A==B	如果 A 等于 B，则返回 True；否则返回 False
!=	A!=B	如果 A 不等于 B，则返回 True；否则返回 False
<	A<B	如果 A 是 B 的真子集，则返回 True；否则返回 False
<=	A<=B	如果 A 是 B 的子集，则返回 True；否则返回 False
>	A>B	如果 A 是 B 的真超集，则返回 True；否则返回 False
>=	A>=B	如果 A 是 B 的超集，则返回 True；否则返回 False

【例 2–67】　判断两个集合关系。

```
s1 = set([1, 2])
s2 = set([1, 2, 3])
if s1!=s2:
    if s1 < s2:
        print('s1 是 s2 的真子集')
    if s2 >= s1:
        print('s2 是 s1 的超集')
```

运行结果如下：

```
s1 是 s2 的真子集
s2 是 s1 的超集
```

9. 集合的并集

集合的并集由所有属于集合 A 或集合 B 的元素组成。

可以使用“|”操作符计算两个集合的并集。例如：

```
s = s1 | s2
```

【例 2–68】　使用“|”操作符计算两个集合的并集。

```
s1 = set([1, 2])
s2 = set([3, 4])
s = s1 | s2
print(s)
```

运行结果如下：

```
{1, 2, 3, 4}
```

也可以使用 union()函数计算两个集合的并集。例如：

```
s = s1.union(s2)
```

【例 2–69】　使用 union()函数计算两个集合的并集。

```
s1 = set([1, 2])
```

```
s2 = set([3, 4])
s = s1.union(s2)
print(s)
```

运行结果如下：

```
{1, 2, 3, 4}
```

10. 集合的交集

集合的交集由所有既属于集合 A 又属于集合 B 的元素组成。

可以使用“&”操作符计算两个集合的交集。例如：

```
s = s1 & s2
```

【例 2–70】 使用“&”操作符计算两个集合的交集。

```
s1 = set([1, 2, 3])
s2 = set([3, 4])
s = s1 & s2
print(s)
```

运行结果如下：

```
{3}
```

也可以使用 intersection ()函数计算两个集合的交集。例如：

```
s = s1. intersection(s2)
```

【例 2–71】 使用 intersection()函数计算两个集合的交集。

```
s1 = set([1, 2, 3])
s2 = set([3, 4])
s = s1.intersection(s2)
print(s)
```

11. 集合的差集

集合的差集由所有属于集合 A 但不属于集合 B 的元素组成。

可以使用“-”操作符计算两个集合的差集。例如：

```
s = s1 - s2
```

【例 2–72】 使用“-”操作符计算两个集合的差集。

```
s1 = set([1, 2, 3])
s2 = set([3, 4])
s = s1 - s2
print(s)
```

运行结果如下：

```
{1, 2}
```

也可以使用 difference ()函数计算两个集合的差集。例如：

```
s = s1. difference(s2)
```

【例 2-73】　使用 difference()函数计算两个集合的并集。

```
s1 = set([1, 2, 3])
s2 = set([3, 4])
s = s1. difference(s2)
print(s)
```

12. 集合的对称差分

集合的对称差分由所有属于集合 A 和集合 B，并且不同时属于集合 A 和集合 B 的元素组成。

可以使用“^”操作符计算两个集合的对称差分。例如：

```
s = s1 ^ s2
```

【例 2-74】　使用“^”操作符计算两个集合的对称差分。

```
s1 = set([1, 2, 3])
s2 = set([3, 4])
s = s1 ^ s2
print(s)
```

运行结果如下：

```
{1, 2, 4}
```

也可以使用 symmetric_difference ()函数计算两个集合的对称差分。例如：

```
s = s1. symmetric_difference (s2)
```

【例 2-75】　使用 symmetric_difference()函数计算两个集合的对称差分。

```
s1 = set([1, 2, 3])
s2 = set([3, 4])
s = s1.symmetric_difference(s2)
print(s)
```

习　题

一、选择题

1．当需要在字符串中使用特殊字符时，Python 使用（　　）作为转义字符。

A．\　　B．/　　C．#　　D．%

2．下面（　　）不是有效的变量名。

A．_score　　B．banana　　C．Number　　D．my-score

3．幂运算运算符为（　　）。

A．*　　B．++　　C．%　　D．**

4．按位与运算符为（　　）。

A．&　　B．|　　C．^　　D．~

5．关于 a or b 的描述错误的是（　　）。

A．如果 a=True，b=True，则 a or b 等于 True

B．如果 a=True，b=False，则 a or b 等于 True

C．如果 a=True，b=False，则 a or b 等于 False

D．如果 a= False，b=False，则 a or b 等于 False

6．优先级最高的运算符为（　　）。

A．&　　B．**　　C．/　　D．~

二、填空题

1．________是内存中用于保存固定值的单元，在程序中________的值不能发生改变。

2．Python 包括________、________、________和________4 种类型的数字。

3．可以使用________函数输出变量的地址。

4．加法赋值运算符为________。

5．________语句是 else 语句和 if 语句的组合。

6．集合由一组无序排列的元素组成，可以分为________集合和________集合。

三、简答题

1．简述 Python 的标识符命名规则。

2．画出 while 语句的流程图。

3．简述列表的特性。

4．简述元组的特性。

5．简述字典的概念。

第 3 章 Python 函数

函数（function）由若干条语句组成，用于实现特定的功能。函数包含函数名、若干参数和返回值。一旦定义了函数，就可以在程序中需要实现该功能的位置调用该函数，这给程序员共享代码带来了很大方便。在 Python 语言中，除了提供丰富的系统函数（本书前面已经介绍了一些常用的系统函数）外，还允许用户创建和使用自定义函数。

3.1 声明和调用函数

本节介绍创建自定义函数和调用函数的方法。使用自定义函数可以使程序的结构清晰，更利于分工协作和程序的调试与维护。

3.1.1 自定义函数

可以使用 def 关键字来创建 Python 自定义函数，其基本语法结构如下：

```
def 函数名 (参数列表):
    函数体
```

参数列表可以为空，即没有参数；也可以包含多个参数，参数之间使用逗号（,）分隔。函数体可以是一条语句，也可以由一组语句组成。

Python 函数体没有明显的开始和结束标记，没有标明函数的开始和结束的花括号（{}）。唯一的分隔符是一个冒号（:），接着代码本身是缩进的。函数体比 def 关键字多一个缩进。开始缩进表示函数体的开始，取消缩进表示函数体的结束。

【例 3–1】 创建一个非常简单的函数 PrintWelcome，它的功能是打印字符串“欢迎使用 Python”，代码如下：

```
def PrintWelcome():
    print("欢迎使用 Python")
```

调用此函数，将在网页中显示“欢迎使用 Python”字符串。PrintWelcome()函数没有参数列表，也就是说，每次调用 PrintWelcome()函数的结果都是一样的。

可以通过参数将要打印的字符串通知自定义函数，从而可以由调用者决定函数工作的情况。

【例 3-2】 定义函数 PrintString()，通过参数决定要打印的内容。

```
def PrintString(str):
    print(str)
```

变量 str 是函数的参数。在函数体中，参数可以像其他变量一样被使用。

可以在函数中定义多个参数，参数之间使用逗号分隔。

【例 3-3】 定义一个函数 sum()，用于计算并打印两个参数之和。函数 sum()包含两个参数，即 num1 和 num2，代码如下：

```
def sum(num1, num2):
    print(num1 + num2)
```

3.1.2 调用函数

可以直接使用函数名来调用函数，无论是系统函数还是自定义函数，调用函数的方法都是一致的。

【例 3-4】 调用【例 3-1】中的 PrintWelcome()函数，显示“欢迎使用 Python”字符串，代码如下：

```
def PrintWelcome():
    print("欢迎使用 Python")
PrintWelcome()
```

如果函数存在参数，则在调用函数时，也需要使用参数。

【例 3-5】 调用【例 3-2】中的 PrintString()函数，打印用户指定的字符串，代码如下：

```
def PrintString(str):
    print(str)
PrintString("传递参数")
```

如果函数中定义了多个参数，则在调用函数时也需要使用多个参数，参数之间使用逗号分隔。

【例 3-6】 调用【例 3-3】中的 sum()函数，计算并打印 1 和 3 之和，代码如下：

```
def sum(num1, num2):
    print(num1 + num2)
sum(1, 3)
```

3.1.3 变量的作用域

在函数中也可以定义变量，在函数中定义的变量被称为局部变量。局部变量只在定义它的函数内部有效，在函数体之外，即使使用同名的变量，也会被看作是另一个变量。相应地，在函数体之外定义的变量是全局变量。全局变量在定义后的代码中都有效，包括它后面定义的函数体内。如果局部变量和全局变量同名，则在定义局部变量的函数中，只有局部变量是有效的。

【例 3-7】 局部变量和全局变量作用域的例子。

```
a = 100       # 全局变量
def setNumber():
    a = 10  # 局部变量
    print(a) # 打印局部变量 a
setNumber()
print(a) # 打印全局变量 a
```

在函数 setNumber()外部定义的变量 a 是全局变量，它在整个程序中都有效。在 setNumber()函数中也定义了一个变量 a，它只在函数体内部有效。因此，在 setNumber()函数中修改变量 a 的值，只是修改了局部变量的值，并不影响全局变量 a 的内容。运行结果如下：

```
10
100
```

3.1.4 在调试窗口中查看变量的值

在 3.1.3 节中使用 print()函数输出变量的值，这是了解程序运行情况的常用方法。也可以在 IDLE 的调试窗口中查看变量的值，这样查看更直观。

1. 设置断点

断点是调试器的功能之一，可以让程序在需要的地方中断，从而方便对其进行分析。用鼠标右键单击要设置断点的程序行，在快捷菜单里选择 Set Breakpoint 菜单项，即会在当前行设置断点，该行代码会显示黄色背景，如图 3-1 所示。

图 3-1 在 IDLE 窗口中设置断点

用鼠标右键单击有断点的程序行，在快捷菜单里选择 Clear Breakpoint 菜单项，即会清除当前行的断点。

2. 单步调试

设置断点后，运行程序，可以停在断点处，然后一条语句一条语句地单步运行。单步调试可以看到程序的运行过程，同时可以查看在某一时刻某个变量的值。下面介绍在 IDLE 中单步调试程序的方法。

例如，在 IDLE 中打开【例 3-7】.py，然后在菜单中选择 Run/Python Shell，打开 Python Shell 窗口。在 Python Shell 的菜单中，选择 Debug/ Debugger，Python Shell 窗口中会出现下面文字：

```
[DEBUG ON]
```

同时打开 Debug Control 窗口，如图 3-2 所示。

在 IDLE 主窗口中按 F5 键运行程序，可以看到在 Debug Control 窗口中显示，程序停留在第 1 行，如图 3-3 所示。单击 Out 按钮，程序会继续执行，并停在断点处，如图 3-4 所示。因为断点位于 setNumber()函数内，所以在 Debug Control 窗口的 Local 窗格中可以看到局部变量 a 的当前值。

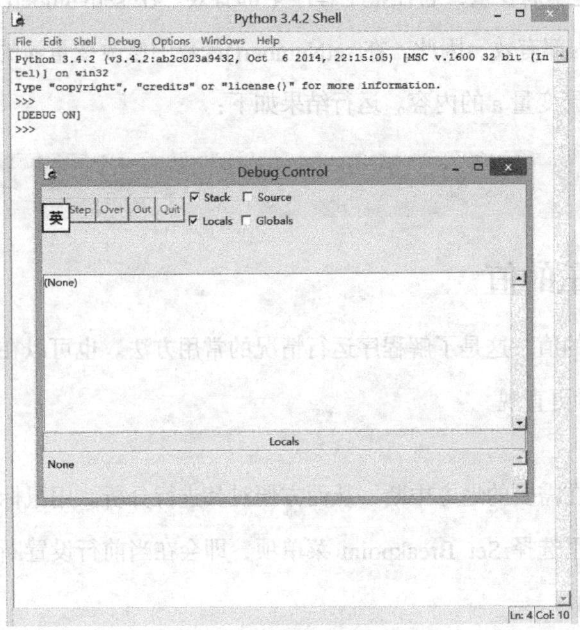

图 3-2　Debug Control 窗口

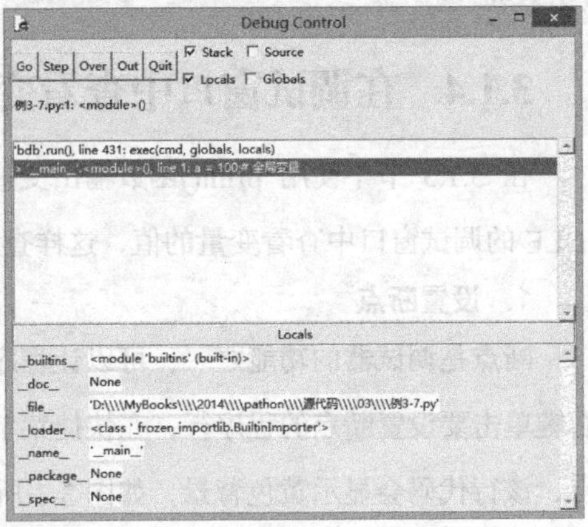

图 3-3　程序停留在第 1 行

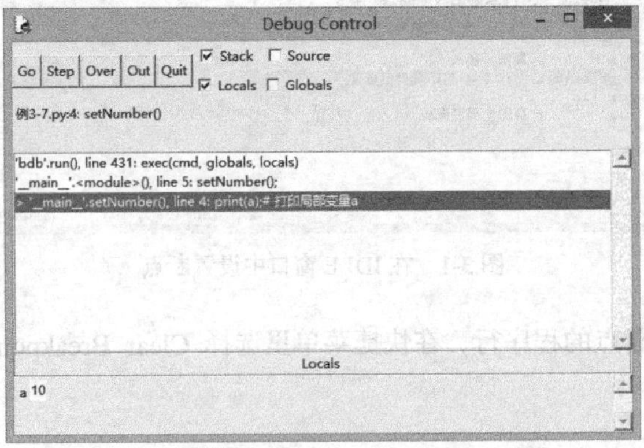

图 3-4　程序停留在断点处

3.2 参数和返回值

可以通过参数和返回值与函数交换数据，本节将介绍具体的使用方法。

3.2.1 在函数中传递参数

在函数中可以定义参数，可以通过参数向函数内部传递数据。在【例 3-2】和【例 3-3】中已经演示了在函数中传递参数的方法。

1. 普通参数

Python 实行按值传递参数。值传递指调用函数时将常量或变量的值（通常称其为实参）传递给函数的参数（通常称其为形参）。值传递的特点是实参与形参分别存储在各自的内存空间中，是两个不相关的独立变量。因此，在函数内部改变形参的值时，实参的值一般是不会改变的。3.1.2 节介绍的实例都属于按值传递参数的情况。

【例 3–8】 在函数中按值传递参数的例子。

```
def func(num):
    num += 1
a = 10
func(a)
print(a)
```

函数 func()定义了一个参数 num，在函数体中对参数 num 执行了加 1 操作。在函数外面定义了一个变量 a，并赋值 10。以 a 为参数调用函数 func()，然后打印变量 a 的值，结果为 10。可见，虽然在函数 func()中改变了形参 num 的值，但这并不影响实参 a 的值。

【例 3–9】 分别打印形参和实参的地址。

```
def func(num):
      print("形参 num 的地址", id(num))
a = 10
func(a)
print("实参 a 的地址", id(a))
```

运行结果如下：

```
形参 num 的地址 1557053600
实参 a 的地址 1557053600
```

可以看到，在调用函数 func()后形参 num 和实参 a 并不相同，因此改变形参 num 的值，不会影响实参 a 的值。

2. 列表和字典参数

除了使用普通变量作为参数，还可以使用列表、字典变量向函数内部批量传递数据。

【例 3-10】 使用列表作为函数参数的例子。

```
def sum(list):
    total = 0
    for x in range(len(list)):
        print(list[x],"+")
        total+= list[x]
    print("=", total)
list = [15, 25, 35, 65]
sum(list)
```

函数 sum()以列表 list 为参数。在函数体内对 list 中的元素进行遍历，打印元素的值和“+”，然后将元素之和累加到变量 total 中，最后打印变量 total 的值。运行结果如下：

```
15 +
25 +
35 +
65 +
= 140
```

【例 3-11】 使用字典作为函数参数的例子。

```
def print_dict(dict):
    for (k, v) in dict.items():
        print ("dict[%s] =" % k, v)
dict = {"a" : "apple", "b" : "banana", "g" : "grape", "o" : "orange"}
print_dict(dict)
```

函数 print_dict ()以列表 dict 为参数。在函数体内对 dict 中的元素进行遍历，打印元素的键和值。运行结果如下：

```
dict[a] = apple
dict[b] = banana
dict[g] = grape
dict[o] = orange
```

当使用列表或字典作为函数参数时，在函数内部对列表或字典的元素所做的操作会影响调用函数的实参。

【例 3-12】 在函数中修改列表参数的例子。

```
def swap(list):
    temp = list[0]
    list[0] = list[1]
```

```
        list[1] = temp
list = [1,2]
print(list)
swap(list)
print(list)
```

swap()函数以列表为参数，函数中交换列表 list 的两个元素。在函数外定义一个包含两个元素的列表，以它为参数调用 swap()函数，调用前后分别打印列表 list 的内容，运行结果如下：

```
[1, 2]
[2, 1]
```

可以看到，调用 swap()函数后，实参的值发生了交换。

【例 3-13】 在函数中修改字典参数的例子。

```
def changeA(dict):
      dict['a'] = 1
d = {'a': 10, 'b': 20, 'c': 30}
changeA(d)
print(d)
```

changeA()函数以字典 dict 为参数，函数中将键为 a 的元素的值设置为 1。在函数外定义一个字典 d，以它为参数调用 changeA ()函数，调用前后分别打印字典 d 的内容。运行结果如下：

```
{'a': 1, 'b': 20, 'c': 30}
```

可以看到，调用 changeA()函数后，实参的值发生了变化。

3. 参数的默认值

在 Python 中，可以为函数的参数设置默认值。可以在定义函数时，直接在参数后面使用“=”为其设置默认值。在调用函数时可以不指定拥有默认值的参数的值，此时在函数体中以默认值作为该参数的值。

【例 3-14】 设置参数默认值的例子。

```
def say(message, times = 1):
   print(message * times)
say('hello')
say('Python', 3)
```

函数 say()有两个参数：message 和 times。其中 times 的默认值为 1。运行结果如下：

```
hello
PythonPythonPython
```

程序中两次调用 say()函数。第 1 次调用使用一个参数，因为没有为参数 times 传值，所以在函数体中使用默认值 1 作为参数 times 的值，因此打印一次“hello”；第 2 次调用使用两个参数，为参数 times 传值 3，因此打印 3 次“Python”。

注意，有默认值的参数只能出现在没有默认值的参数的后面。例如，下面的定义是错误的。

```
def func1(a = 1,  b, c=10):
    函数体
```

因为这种定义会造成调用函数的歧义，如果使用下面的语句调用 func1()函数，Python 将不知道实参 100 是传递给哪个形参的。

```
func1(100, 200)
```

第 1 种情况是将 100 传递给参数 a，将 200 传递给参数 b，参数 c 使用默认值 10。第 2 种情况是参数 a 使用默认值 1，将 100 传递给参数 b，将 200 传递给参数 c。

既然存在不确定性，就不应该这么定义函数。事实上，这么定义函数 Python 也是不会答应的。

【例 3–15】 有默认值的参数出现在没有默认值的参数的前面时报错的例子。

```
def func1(a = 1,  b, c=10):
    d = a + b * c
func(10, 20, 30)
```

运行此程序会弹出如图 3-5 所示的报错对话框。提示没有默认值的参数出现在有默认值的参数的后面，程序不能运行。

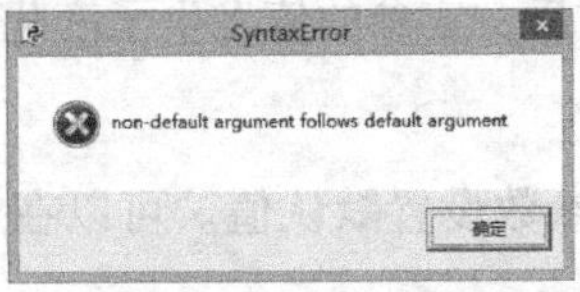

图 3-5　例 3-15 的运行结果

4. 可变长参数

Python 还支持可变长度的参数列表。可变长参数可以是元组或字典。当参数以*开头时，表示可变长参数将被视为一个元组，格式如下：

```
def func(*t):
```

在 func ()函数中 t 被视为一个元祖，使用 t[index]获取每一个可变长参数。

可以使用任意多个实参调用 func()函数，例如：

func(1,2,3,4)

【例 3–16】 以元组为可变长参数的实例。

```
def func1(*t):
    print("可变长参数数量如下：")
```

```
    print(len(t))
    print("依次为：")
    for x in range(len(t)):
        print(t[x])
func1(1,2,3,4)
```

运行结果如下：

```
可变长参数数量如下：
4
依次为：
1
2
3
4
```

【例 3–17】 使用可变长参数计算任意个指定数字之和。

```
def sum(*t):
    sum=0
    for x in range(len(t)):
        print(str(t[x])+"+")
        sum += t[x]
    print("="+str(sum))
sum(1,2)
sum(1,2,3,4)
sum(11,22,33,44,55)
```

程序依次使用两个参数、4 个参数和 5 个参数调用 sum()函数，结果如下：

```
1+
2+
=3
1+
2+
3+
4+
=10
11+
22+
33+
44+
55+
=165
```

在调用函数时，也可以不指定可变长参数，此时可变长参数是一个没有元素的元组或字典。

【例 3–18】 调用函数时不指定可变长参数。

```
def sum(*t):
    sum=0
    for x in range(len(t)):
        print(str(t[x])+"+")
        sum += t[x]
    if len(t)>0:
        print("="+str(sum))
sum()
```

调用 sum()函数时没有指定参数，因此元组 t 没有元素，运行程序没有输出。

当参数以**开头时，表示可变长参数将被视为一个字典，格式如下：

```
def func(**t):
```

可以使用任意多个实参调用 func()函数，实参的格式如下：

```
键=值
例如：
sum(a=1,b=2,c=3)
```

【例 3-19】 以字典作为可变长参数的实例。

```
def sum(**t):
    print(t)
sum(a=1,b=2,c=3)
```

运行结果如下：

```
{'a': 1, 'b': 2, 'c': 3}
```

3.2.2 函数的返回值

可以为函数指定一个返回值，返回值可以是任何数据类型，使用 return 语句可以返回函数值并退出函数。

【例 3-20】 对【例 3-6】中的 sum()函数进行改造，通过函数的返回值返回相加的结果，代码如下：

```
def sum(num1, num2):
     return num1 + num2
print(sum(1, 3))
```

运行结果为 4。

也可以把列表或字典作为函数的返回值。

【例 3-21】 下面程序中返回指定列表中的偶数。

```
def filter_even(list):
    list1 = []
    for i in range(len(list)):
        if list[i] %2 ==0:
            list1.append(list[i])
    return list1
list=[1,2,3,4,5,6,7,8,9,10]
list2 = filter_even(list)
print(list2)
```

filter_even()函数有一个列表 list 作为参数，在函数体中定义了一个空列表 list1，程序遍历列表 list，然后将其中的偶数参数添加到列表 list1 中，最后将列表 list1 作为函数的返回值。使用 print()函数打印 filter_even ()函数的返回结果，内容如下：

```
[2, 4, 6, 8, 10]
```

3.3 Python 内置函数的使用

Python 提供了很多实现各种功能的内置函数，所谓内置函数，就是在 Python 中被自动加载的函数，任何时候都可以用。本节介绍常用 Python 内置函数的使用方法。

3.3.1 数学运算函数

与数学运算有关的常用 Python 内置函数如表 3-1 所示。

表 3-1 数学运算函数

函数	原型	具体说明
abs()	abs(x)	返回 x 的绝对值
pow()	pow(x, y)	返回 x 的 y 次幂
round()	round(x[, n])	返回浮点数 x 的四舍五入值，参数 n 指定保留的小数位数
divmod()	divmod(a, b)	返回 a 除以 b 的商和余数，返回一个元组。例如，divmod(a, b)返回 (a / b, a % b)

【例 3-22】 数学运算函数的使用实例。

```
print(abs(-1))
print(round(80.23456, 2))
print(pow(2,3))
print(divmod(8, 3))
```

运行结果如下：

```
1
```

```
80.23
8
(2, 2)
```

3.3.2 字符串处理函数

字符串处理是一个程序设计语言的基本功能。Python 提供了很多字符串处理函数。

1. 字符串中字符大小写的变换

用于实现字符串中字符大小写变换的 Python 内置函数如表 3-2 所示。

表 3-2 用于实现字符串中字符大小写变换的 Python 内置函数

函数	原型	具体说明
lower()	str.lower()	将字符串 str 中的字母转换为小写字母
upper()	str.upper()	将字符串 str 中的字母转换为大写字母
swapcase()	str.swapcase()	将字符串 str 中的字母大小写互换
capitalize()	str.capitalize ()	将字符串 str 中的首字母设为大写，其余为小写
title()	str. title()	将字符串 str 中每个单词的首字母设为大写，其余为小写

【例 3–23】 字符大小写变换函数的使用实例。

```
str1 ="hello world"
str2 ="HELLO WORLD"
str3 ="Hello world"
print(str1.upper())
print(str2.lower())
print(str3.swapcase())
print(str1.capitalize())
print(str2.title())
```

运行结果如下：

```
HELLO WORLD
hello world
hELLO WORLD
Hello world
Hello World
```

2. 指定输出字符串时的对齐方式

指定输出字符串时对齐方式的 Python 内置函数如表 3-3 所示。

表 3-3 指定输出字符串时对齐方式的 Python 内置函数

函数	原型	具体说明
ljust()	str.ljust(width,[fillchar])	左对齐输出字符串 str，总宽度为参数 width，不足部分以参数 fillchar 指定的字符填充，默认使用空格填充
rjust()	str.rjust(width,[fillchar])	右对齐输出字符串 str，总宽度为参数 width，不足部分以参数 fillchar 指定的字符填充，默认使用空格填充

续表

函数	原型	具体说明
center()	str.center(width,[fillchar])	居中对齐输出字符串 str，总宽度为参数 width，不足部分以参数 fillchar 指定的字符填充，默认使用空格填充
zfill ()	str. zfill(width)	将字符串 str 变成 width 长，并且右对齐，不足部分用 0 补足

【例 3-24】 指定输出字符串时对齐方式的函数的使用实例。

```
str1 ="hello world"
print(str1.ljust(30, "*"))
print(str1.rjust(30, "*"))
print(str1.center(30, "*"))
print(str1. zfill (30))
```

运行结果如下：

```
hello world*******************
*******************hello world
*********hello world**********
0000000000000000000hello world
```

3. 搜索和替换

搜索和替换字符串的 Python 内置函数如表 3-4 所示。

表 3-4 搜索和替换字符串的 Python 内置函数

函数	原型	具体说明
find()	str.find(substr, [start, [end]])	返回字符串 str 中出现子串 substr 的第一个字母的位置，如果 str 中没有 substr，则返回–1。搜索范围从 start 至 end
index()	str.index(substr, [start, [end]])	与 find()函数相同，只是在 str 中没有 substr 时，index()函数会返回一个运行时错误
rfind()	str.rfind(substr, [start, [end]])	返回从右侧算起，字符串 str 中出现子串 substr 的第一个字母的位置，如果 str 中没有 substr，则返回–1。搜索范围从 start 至 end
rindex()	str.rindex (substr, [start,[end]])	与 rfind()函数相同，只是在 str 中没有 substr 时，rindex()函数会返回一个运行时错误
count()	str.count(substr, [start,[end]])	计算 substr 在 str 中出现的次数。统计范围从 start 至 end
replace()	str.replace(oldstr, newstr, [count])	把 str 中的 oldstr 替换为 newstr，count 为替换次数
strip()	str.strip([chars])	把字符串 str 中前后 chars 中有的字符全部去掉。如果不指定参数 chars，则会去掉空白符（包括'\n', '\r', '\t'和' '）
lstrip()	str.lstrip([chars])	把字符串 str 中前面包含的 chars 中有的字符全部去掉。如果不指定参数 chars，则会去掉空白符（包括'\n', '\r', '\t'和' '）
rstrip()	str.rstrip([chars])	把字符串 str 中后面包含的 chars 中有的字符全部去掉。如果不指定参数 chars，则会去掉空白符（包括'\n', '\r', '\t'和' '）
expandtabs()	str. expandtabs([tabsize])	把字符串 str 中的 tab 字符替换为空格，每个 tab 替换为 tabsize 个空格，默认是 8 个

【例 3-25】 搜索和替换字符串函数的使用实例。

```
str1 ="hello world"
print(str1.find("l"))
print(str1.index("o"))
print(str1.rfind("l"))
print(str1.rindex("o"))
print(str1.count("o"))
str2 ="    Hello"
print(str2.replace(" ", "*"))
print(str2.strip())
```

运行结果如下：

```
2
4
9
7
2
*****Hello
Hello
```

4. 分割和组合

分割和组合字符串的 Python 内置函数如表 3-5 所示。

表 3-5 分割和组合字符串的 Python 内置函数

函数	原型	具体说明
split()	str.split([sep, [maxsplit]])	以 sep 为分隔符，把 str 分割成一个列表。参数 maxsplit 表示分割的次数
splitlines()	str.splitlines([keepends])	把 str 按照行分割符分为一个列表，参数 keepends 是一个 bool 值，如果为 True，则每行后面会保留行分割符
join()	str.join(seq)	把 seq 代表的字符串序列，用 str 连接起来

【例 3-26】 分割和组合字符串函数的使用实例。

```
str1 ="hello world Python"
list1 = str1.split(" ")
print(list1)
str1 ="hello world\nPython"
list1 = str1.splitlines()
print(list1)
list1 = ["hello",  "world", "Python"]
str1="#"
print(str1.join(list1))
```

运行结果如下：

```
['hello', 'world', 'Python']
['hello world', 'Python']
hello#world#Python
```

5. 字符串判断相关

与字符串判断相关的 Python 内置函数如表 3-6 所示。

表 3-6 与字符串判断相关的 Python 内置函数

函数	原型	具体说明
startswith()	str. startswith(substr)	判断 str 是否以 substr 开头
endswith()	str.endswith(substr)	判断 str 是否以 substr 为结尾
isalnum()	str.isalnum()	判断 str 是否全为字母或数字
isalpha()	str.isalpha()	判断 str 是否全为字母
isdigit()	str.isdigit()	判断 str 是否全为数字
islower()	str.islower()	判断 str 是否全为小写字母
isupper()	str.isupper()	判断 str 是否全为大写字母

【例 3–27】 与字符串判断相关函数的使用实例。

```
str='python String function'
print(str+".startwith('t') 的结果 ")
print(str.startswith('t'))
print(str+ ".endwith('d') 的结果 ")
print(str.endswith('d'))
print(str+ ".isalnum() 的结果")
print(str.isalnum())
str='pythonStringfunction'
print(str+ ".isalnum() 的结果")
print(str.isalnum())
print(str+ ".isalpha() 的结果 ")
print(str.isalpha())
print(str+ ".isupper() 的结果")
print(str.isupper())
print(str+ ".islower() 的结果")
print(str.islower())
print(str+ ".isdigit() 的结果")
print(str.isdigit())
str='3423'
print(str+ ".isdigit() 的结果")
print(str.isdigit())
```

运行结果如下：

```
python String function.startwith('t') 的结果
False
python String function.endwith('d') 的结果
```

```
False
python String function.isalnum() 的结果
False
pythonStringfunction.isalnum() 的结果
True
pythonStringfunction.isalpha() 的结果
True
pythonStringfunction.isupper() 的结果
False
pythonStringfunction.islower() 的结果
False
pythonStringfunction.isdigit() 的结果
False
3423.isdigit() 的结果
True
```

3.3.3 其他常用内置函数

本节介绍两个其他的常用内置函数。

1. help()函数

help()函数用于显示指定参数的帮助信息，语法如下：

```
help(para)
```

如果参数 para 是一个字符串，则会自动搜索以 para 命名的模块、方法等。如果 para 是一个对象，则会显示这个对象的类型的帮助信息。

【例 3-28】 使用 help()函数显示 print()函数的帮助信息。

```
help('print')
```

运行结果如下：

```
Help on built-in function print in module builtins:


print(...)
    print(value, ..., sep=' ', end='\n', file=sys.stdout, flush=False)

    Prints the values to a stream, or to sys.stdout by default.
    Optional keyword arguments:
    file:  a file-like object (stream); defaults to the current sys.stdout.
    sep:   string inserted between values, default a space.
    end:   string appended after the last value, default a newline.
    flush: whether to forcibly flush the stream.
```

【例 3-29】 使用 help()函数显示列表对象的帮助信息。

```
l = [1,2,3]
help(l)
```

运行结果如下：

```
Help on list object:

class list(object)
 |  list() -> new empty list
 |  list(iterable) -> new list initialized from iterable's items
 |
 |  Methods defined here:
 |
 |  __add__(self, value, /)
 |      Return self+value.
 |
 |  __contains__(self, key, /)
 |      Return key in self.
 |
 |  __delitem__(self, key, /)
 |      Delete self[key].
 |
 |  __eq__(self, value, /)
 |      Return self==value.
 |
 |  __ge__(self, value, /)
 |      Return self>=value.
 |
 |  __getattribute__(self, name, /)
 |      Return getattr(self, name).
 |
 |  __getitem__(...)
 |      x.__getitem__(y) <==> x[y]
 |
 |  __gt__(self, value, /)
 |      Return self>value.
 |
 |  __iadd__(self, value, /)
 |      Implement self+=value.
 |
 |  __imul__(self, value, /)
 |      Implement self*=value.
 |
 |  __init__(self, /, *args, **kwargs)
 |      Initialize self.  See help(type(self)) for accurate signature.
 |
```

```
|  __iter__(self, /)
|      Implement iter(self).
|
|  __le__(self, value, /)
|      Return self<=value.
|
|  __len__(self, /)
|      Return len(self).
|
|  __lt__(self, value, /)
|      Return self<value.
|
|  __mul__(self, value, /)
|      Return self*value.n
|
|  __ne__(self, value, /)
|      Return self!=value.
|
|  __new__(*args, **kwargs) from builtins.type
|      Create and return a new object.  See help(type) for accurate signature.
|
|  __repr__(self, /)
|      Return repr(self).
|
|  __reversed__(...)
|      L.__reversed__() -- return a reverse iterator over the list
|
|  __rmul__(self, value, /)
|      Return self*value.
|
|  __setitem__(self, key, value, /)
|      Set self[key] to value.
|
|  __sizeof__(...)
|      L.__sizeof__() -- size of L in memory, in bytes
|
|  append(...)
|      L.append(object) -> None -- append object to end
|
|  clear(...)
|      L.clear() -> None -- remove all items from L
|
|  copy(...)
|      L.copy() -> list -- a shallow copy of L
|
|  count(...)
```

```
 |      L.count(value) -> integer -- return number of occurrences of value
 |
 |  extend(...)
 |       L.extend(iterable) -> None -- extend list by appending elements from the iterable
 |
 |  index(...)
 |      L.index(value, [start, [stop]]) -> integer -- return first index of value.
 |      Raises ValueError if the value is not present.
 |
 |  insert(...)
 |      L.insert(index, object) -- insert object before index
 |
 |  pop(...)
 |      L.pop([index]) -> item -- remove and return item at index (default last).
 |      Raises IndexError if list is empty or index is out of range.
 |
 |  remove(...)
 |      L.remove(value) -> None -- remove first occurrence of value.
 |      Raises ValueError if the value is not present.
 |
 |  reverse(...)
 |      L.reverse() -- reverse *IN PLACE*
 |
 |  sort(...)
 |      L.sort(key=None, reverse=False) -> None -- stable sort *IN PLACE*
 |
 |  ----------------------------------------------------------------------
 |  Data and other attributes defined here:
 |
 |  __hash__ = None
```

help()函数列出了列表对象的基本信息和所有方法。

2. type()函数

type()函数用于显示指定对象的数据类型，语法如下：

```
type(obj)
obj 是一个常量、变量或对象。
```

【例 3–30】 使用 type()函数显示指定对象的数据类型。

```
a = 'print'
print(type(a))
b = 10
print(type(b))
l = [1,2,3]
```

```
print(type(l))
```

运行结果如下：

```
<class 'str'>
<class 'int'>
<class 'list'>
```

习　题

一、选择题

1. 可以使用（　　）关键字来创建 Python 自定义函数。

A．function　　B．func　　C．procedure　　D．def

2. 下面程序的运行结果为（　　）。

```
a = 10
def setNumber():
    a = 100
setNumber()
print(a)
```

A．10　　B．100　　C．10100　　D．10010

3. 关于函数参数传递中，形参与实参的描述错误的是（　　）。

A．Python 实行按值传递参数。值传递指调用函数时将常量或变量的值（通常称其为实参）传递给函数的参数（通常称其为形参）

B．实参与形参分别存储在各自的内存空间中，是两个不相关的独立变量

C．在函数内部改变形参的值时，实参的值一般是不会改变的

D．实参与形参的名字必须相同

4. 下面程序的运行结果为（　　）。

```
def swap(list):
      temp = list[0]
      list[0] = list[1]
      list[1] = temp
list = [1,2]
swap(list)
print(list)
```

A．[1,2]　　B．[2,1]　　C．[1,1]　　D．[2,2]

二、填空题

1．函数可以包含多个参数，参数之间使用________分隔。

2．Python 实行按值传递参数。值传递指调用函数时将常量或变量的值（通常称其为________）传递给函数的参数（通常称其为________）。

3．使用________语句可以返回函数值并退出函数。

4．返回 x 的 y 次幂的函数是________。

5．返回 x 的绝对值的函数是________。

6．将字符串 str 中的字母转换为小写字母的函数是________。

7．替换字符串中子串的函数为________。

8．________函数用于显示指定参数的帮助信息。

三、简答题

1．简述什么是断点，如何设置断点。

2．试述单步调试的方法。

第 4 章 Python 面向对象程序设计

面向对象编程是 Python 采用的基本编程思想，它可以将属性和代码集成在一起，定义为类，从而使程序设计更加简单、规范、有条理。本章将介绍在 Python 中使用类和对象的方法。

4.1 面向对象程序设计基础

本节首先介绍面向对象程序设计的基本思想以及面向对象程序设计的一些常用概念。

4.1.1 面向对象程序设计思想概述

在传统的程序设计中，通常使用数据类型对变量进行分类。不同数据类型的变量拥有不同的属性，如整型变量用于保存整数，字符串变量用于保存字符串。数据类型实现了对变量的简单分类，但并不能完整地描述事物。

在日常生活中，要描述一个事物，既要说明它的属性，也要说明它所能进行的操作。例如，如果将人看作一个事物，它的属性包含姓名、性别、生日、职业、身高、体重等，它能完成的动作包括吃饭、行走、说话等。将人的属性和能够完成的动作结合在一起，就可以完整地描述人的所有特征了，如图 4-1 所示。

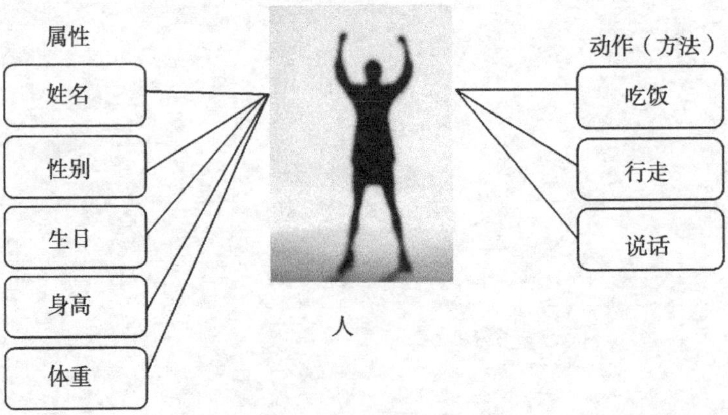

图 4-1 人的属性和方法

面向对象的程序设计思想正是基于这种设计理念，将事物的属性和方法都包含在类中，而对象则是类的一个实例。如果将人定义为类的话，那么某个具体的人就是一个对象。不同的对象拥有不同的属性值。

Python 对面向对象程序设计思想提供全面支持，从而使应用程序的结构更加清晰。

4.1.2　面向对象程序设计中的基本概念

本节介绍面向对象程序设计的一些基本概念。

（1）对象（object）：面向对象程序设计思想可以将一组数据和与这组数据有关操作组装在一起，形成一个实体，这个实体就是对象。

（2）类（class）：具有相同或相似性质的对象的抽象就是类。因此，对象的抽象是类，类的具体化就是对象。例如，如果人类是一个类，则一个具体的人就是一个对象。

（3）封装：将数据和操作捆绑在一起，定义一个新类的过程就是封装。

（4）继承：继承描述了类之间的关系，在这种关系中，一个类共享了一个或多个其他类定义的结构和行为。子类可以对基类的行为进行扩展、覆盖、重定义。如果人类是一个类，则可以定义一个子类“男人”。“男人”可以继承人类的属性（例如姓名、身高、年龄等）和方法（即动作，如吃饭和走路等），在子类中就无须重复定义了。从同一个类中继承得到的子类也具有多态性，即相同的函数名在不同子类中有不同的实现。就如同子女会从父母那里继承到人类共有的特性，而子女也具有自己的特性。

（5）方法：也称为成员函数，是指对象上的操作，作为类声明的一部分来定义。方法定义了对一个对象可以执行的操作。

（6）构造函数：一种成员函数，用来在创建对象时初始化对象。构造函数一般与它所属的类同名。

（7）析构函数：析构函数与构造函数相反，当对象脱离其作用域时（例如对象所在的函数已调用完毕），系统自动执行析构函数。析构函数往往用来做“清理善后” 的工作。

4.2　定义和使用类

类是面向对象程序设计思想的基础，可以定义指定类的对象。类中可以定义对象的属性（特性）和方法（行为）。

4.2.1　声明类

在 Python 中，可以使用 class 关键字来声明一个类，其基本语法如下：

```
class 类名:
        成员变量
        成员函数
```

同样，Python 使用缩进标识类的定义代码。

【例 4-1】　定义一个类 Person。

代码如下：

```
class Person:
    def SayHello(self):
        print("Hello!")
```

在类 Person 中，定义了一个成员函数 SayHello()，用于输出字符串“Hello!”。

1．self

可以看到，在成员函数 SayHello()中有一个参数 self。这也是类的成员函数（方法）与普通函数的主要区别。类的成员函数必须有一个参数 self，而且位于参数列表的开头。self 就代表类的实例（对象）自身，可以使用 self 引用类的属性和成员函数。在后面部分还会结合实际应用介绍 self 的使用方法。

2．定义类的对象

对象是类的实例。如果人类是一个类的话，那么某个具体的人就是一个对象。只有定义了具体的对象，才能使用类。

Python 创建对象的方法如下：

```
对象名 = 类名()
```

例如，下面的代码定义了一个类 Person 的对象 p：

```
p = Person()
```

对象 p 实际相当于一个变量，可以使用它来访问类的成员变量和成员函数。

【例 4-2】　下面是定义和使用对象的实例。

```
class Person:
    def SayHello(self):
        print("Hello!")
p = Person()
p.SayHello()
```

程序定义了类 Person 的一个对象 p，然后使用它来调用类 Person 的成员函数 SayHello()，运行结果如下：

```
Hello!
```

3. 成员变量

在类定义中，可以定义成员变量并同时对其赋初始值。

【例 4-3】 定义一个类 MyString，定义成员变量 str，同时对其赋初始值。

```
class MyString:
    str = "MyString"
    def output(self):
        print(self.str)
s = MyString()
s. output()
```

可以看到，在类的成员函数中使用 self 引用成员变量。注意，Python 使用下划线作为变量前缀和后缀来指定特殊变量，规则如下：

- __xxx__表示系统定义名字；
- __xxx 表示类中的私有变量名。

类的成员变量可以分为两种情况，一种是公有变量，另一种是私有变量。公有变量可以在类的外部访问，它是类与用户之间交流的接口。用户可以通过公有变量向类中传递数据，也可以通过公有变量获取类中的数据。在类的外部无法访问私有变量，从而保证类的设计思想和内部结构并不完全对外公开。在 Python 中除了__xxx 格式的成员变量外，其他的成员变量都是公有变量。

4. 构造函数

构造函数是类的一个特殊函数，它拥有一个固定的名称，即__init__（注意，函数名是以两个下划线开头和两个下划线结束的）。当创建类的对象实例时系统会自动调用构造函数，通过构造函数对类进行初始化操作。

【例 4-4】 在 MyString 类中使用构造函数的实例。

```
class MyString:
    def __init__(self):
        self.str = "MyString"
    def output(self):
        print(self.str)
s = MyString()
s. output()
```

在构造函数中，程序对公有变量 str 设置了初始值。可以在构造函数中使用参数，通常使用参数来设置成员变量（特别是私有变量）的值。

【例 4-5】 在类 UserInfo 中使用带参数的构造函数。

```
class UserInfo:
    def __init__(self, name, pwd):
        self.username = name
```

```
        self._pwd = pwd
    def output(self):
        print("用户："+self.username +"\n 密码："+ self._pwd)
u= UserInfo("admin", "123456")
u.output()
```

类 UserInfo 中定义了一个公有变量 username，一个私有变量_pwd，并在构造函数中对成员变量赋初始值。成员函数 output()用于输出类 UserInfo 的成员变量的值。本实例运行结果如下：

```
用户：admin
密码：123456
```

5. 析构函数

Python 析构函数有一个固定的名称，即__del__。通常在析构函数中释放类所占用的资源。

使用 del 语句可以删除一个对象，释放它所占用的资源。

【例 4-6】 使用析构函数的一个实例。

```
class MyString:
    def __init__(self): #构造函数
        self.str = "MyString"
    def __del__(self):  #析构函数
        print("byebye~")
    def output(self):
        print(self.str)
s = MyString()
s.output()
del s  #删除对象
```

在例 4-6 中，析构函数只是简单地打印字符串“byebye~”。本例的输出结果如下：

```
MyString
byebye~
```

4.2.2 静态变量

静态变量和静态方法是类的静态成员，它们与普通的成员变量和成员方法不同，静态类成员与具体的对象没有关系，而是只属于定义它们的类。

在类中可以定义静态变量，与普通的成员变量不同，静态变量与具体的对象没有关系，而是只属于定义它们的类。

Python 不需要显式定义静态变量，任何公有变量都可以作为静态变量使用。访问静态变量的方法如下：

```
类名.变量名
```

虽然也可以通过对象名访问静态变量，但是同一个变量，通过类名访问与通过对象名访问的实例不同，而且不互相干扰。

【例 4–7】　定义一个类 Users，使用静态变量 online_count 记录当前在线的用户数量。

代码如下：

```
class Users:
        online_count = 0
        def __init__(self): #构造函数,创建对象时 Users.online_count 加 1
                Users.online_count+=1
        def __del__(self): #析构函数,释放对象时 Users.online_count 减 1
                Users.online_count-= 1
a = Users() #创建 Users 对象
a.online_count += 1
print(Users.online_count)
```

在构造函数中，使用 Users.online_count+=1 语句将计数器加 1；在析构函数中，使用 Users.online_count–= 1 语句将计数器函数减 1。因为静态变量 online_count 并不属于任何对象，所以当对象被释放后，online_count 中的值仍然存在。

程序首先创建一个 Users 对象 a，此时会执行一次构造函数，因此 Users.online_count 的值等于 1。然后程序执行 a.online_count += 1，使用对象调用 online_count，此时不会影响静态变量 Users.online_count 的值。因此，当最后打印 Users.online_count 的值时结果为 1。

4.2.3　静态方法的使用

与静态变量相同，静态方法只属于定义它的类，而不属于任何一个具体的对象。静态方法具有如下特点：

（1）静态方法无须传入 self 参数，因此在静态方法中无法访问实例变量；

（2）在静态方法中不可以直接访问类的静态变量，但可以通过类名引用静态变量。

因为静态方法既无法访问实例变量，也不能直接访问类的静态变量，所以静态方法与定义它的类没有直接关系，而是起到了类似函数工具库的作用。

可以使用装饰符@staticmethod 定义静态方法，具体如下：

```
class 类名:
    @staticmethod
    def 静态方法名():
        方法体
```

可以通过对象名调用静态方法，也可以通过类名调用静态方法。而且这两种方法没有什么区别。

【例 4–8】　演示静态方法的实例。

```
class MyClass: #定义类
        var1 = 'String 1'
        @staticmethod #静态方法
        def staticmd():
                print("我是静态方法")
MyClass.staticmd()
c=MyClass()
c.staticmd()
```

程序定义了一个类 MyClass，其中包含一个静态方法 staticmd()。在 staticmd()方法中打印“我是静态方法”。

程序中分别使用类和对象调用静态方法 staticmd()，运行结果如下：

```
我是静态方法
我是静态方法
```

4.2.4 类方法的使用

类方法是 Python 的一个新概念。类方法具有如下特性：

（1）与静态方法一样，类方法可以使用类名调用类方法；

（2）与静态方法一样，类成员方法也无法访问实例变量，但可以访问类的静态变量；

（3）类方法需传入代表本类的 cls 参数。

可以使用装饰符@ classmethod 定义类方法，具体如下：

```
class 类名:
    @classmethod
    def 类方法名(cls):
        方法体
```

可以通过对象名调用类方法，也可以通过类调用类方法。而且这两种方法没有什么区别。类方法有一个参数 cls，代表定义类方法的类，可以通过 cls 访问类的静态变量。

【例 4–9】 演示类方法的实例。

```
class MyClass: #定义类
        val1 = 'String 1'
        def __init__(self):
            self.val2 = 'Value 2'
        @ classmethod #类方法
        def classmd(cls):
                print('类: ' + str(cls) + ', val1: ' + cls.val1 + ', 无法访问 val2 的值')
MyClass.classmd()
c=MyClass()
c.classmd()
```

程序定义了一个类 MyClass，其中包含一个类方法 classmd()。在 classmd()方法中打印 str(cls)，也就是类的信息和静态变量 cls.val1 的值。

程序中分别使用类和对象调用类方法 staticmd()，运行结果如下：

```
类：<class '__main__.MyClass'>, val1: String 1，无法访问 val2 的值
类：<class '__main__.MyClass'>, val1: String 1，无法访问 val2 的值
```

4.2.5　使用 isinstance()函数判断对象类型

使用 isinstance()函数可以用来检测一个给定的对象是否属于（继承于）某个类或类型，如果是则返回 True；否则返回 False。其使用方法如下：

```
isinstance(对象名，类名或类型名)
```

如果对象名属于指定的类名或类型名，则 isinstance()函数返回 True，否则返回 False。

【例 4-10】　演示 isinstance()函数的实例。

```
class MyClass: #定义类
        val1 = 'String 1'
        def __init__(self):
            self.val2 = 'Value 2'
c=MyClass()
print( isinstance(c, MyClass))
l = [1, 2, 3, 4]
print(isinstance(l, list))
```

运行结果如下：

```
True
True
```

4.3　类的继承和多态

继承和多态是面向对象程序设计思想的重要机制。类可以继承其他类的内容，包括成员变量和成员函数。而从同一个类中继承得到的子类也具有多态性，即相同的函数名在不同子类中有不同的实现。就如同子女会从父母那里继承到人类共有的特性，而子女也具有自己的特性。本节将介绍 Python 语言中继承和多态的机制。

4.3.1　继承

通过继承机制，用户可以很方便地继承其他类的工作成果。如果有一个设计完成的类 A，可

以从其派生出一个子类 B，类 B 拥有类 A 的所有属性和函数，这个过程叫作继承。类 A 被称为类 B 的父类。

可以在定义类时指定其父类。例如，存在一个类 A，定义代码如下：

```
class A:
    def__init__(self, property):     #构造函数
    self.propertyA = property        #类 A 的成员变量
    def functionA():                 # 类 A 的成员函数
```

从类 A 派生一个类 B，代码如下：

```
class B (A):
    propertyB  # 类 B 的成员变量
    def functionB():   # 类 B 的成员函数
```

从类 B 中可以访问到类 A 中的成员变量和成员函数，例如：

```
objB = B()                   # 定义一个类 B 的对象 objB
print(objB.propertyA)        # 访问类 A 的成员变量
objB.functionA()             # 访问类 A 的成员函数
```

因为类 B 是从类 A 派生来的，所以它继承了类 A 的属性和方法。

【例 4-11】 一个关于类继承的实例。

```
import time
class Users:
        username =""
        def __init__(self, uname):
                self.username = uname
                print('(构造函数:'+self.username+')')
      #显示用户名
        def dispUserName(self):
                print(self.username)

class UserLogin(Users):
     def __init__(self, uname, lastLoginTime):
          Users.__init__(self, uname) #调用父类 Users 的构造函数
          self.lastLoginTime = lastLoginTime
     def dispLoginTime (self):
          print(" 登录时间为: " + self.lastLoginTime)
#获取当前时间
now = time.strftime('%Y-%m-%d %H:%M:%S',time.localtime(time.time()))
# 声明 3 个对象
myUser_1 = UserLogin('admin', now)
myUser_2 = UserLogin('lee', now)
myUser_3 = UserLogin('zhang', now)
```

```
# 分别调用父类和子类的函数
myUser_1.dispUserName()
myUser_1.dispLoginTime()
myUser_2.dispUserName()
myUser_2.dispLoginTime()
myUser_3.dispUserName()
myUser_3.dispLoginTime()
```

在上面的程序中，首先定义了一个类 Users，用于保存用户的基本信息。类 Users 包含一个成员变量 username 和一个成员函数 dispUserName()。dispUserName()用于显示成员变量 username 的内容。

类 UserLogin 是类 Users 的子类，它包含一个成员变量 lastLoginTime，用于保存用户最后一次登录的日期和时间。类 UserLogin 还包含一个成员函数 dispLoginTime()，用于显示变量 lastLoginTime 的内容。

在两个类的定义代码后面，程序中声明了 3 个 UserLogin 对象。然后分别使用这 3 个对象调用类 Users 的 dispUserName()函数和类 UserLogin 的 dispLoginTime()函数。运行结果如下：

```
(构造函数:admin)
(构造函数:lee)
(构造函数:zhang)
admin
 登录时间为：2014-12-04 22:39:34
lee
 登录时间为：2014-12-04 22:39:34
zhang
 登录时间为：2014-12-04 22:39:34
```

4.3.2 抽象类和多态

使用面向对象程序设计思想可以通过对类的继承实现应用程序的层次化设计。类的继承关系是树状的，从一个根类中可以派生出多个子类，而子类还可以派生出其他子类，依此类推。每个子类都可以从父类中继承成员变量和成员函数，实际上相当于继承了一套程序设计框架。

Python 可以实现抽象类的概念。抽象类是包含抽象方法的类，而抽象方法不包含任何实现的代码，只能在其子类中实现抽象函数的代码。例如，在绘制各种图形时，都可以指定绘图使用的颜色（Color 变量），也需要包含一个绘制动作（Draw()方法）。而在绘制不同图形时，还需要指定一些特殊的属性，如在画线时需要指定起点和终点的坐标，在画圆时需要指定圆心和半径等。可以定义一个抽象类 Shape，包含所有绘图类所包含的 Color 变量和 Draw()方法；分别定义画线类 MyLine 和画圆类 MyCircle，具体实现 Draw()方法。

1. 定义抽象类

Python 通过类库 abc 实现抽象类，因此在定义抽象类之前需要从类库 abc 导入 ABCMeta 类和 abstractmethod 类。

方法如下：

```
from abc import ABCMeta, abstractmethod
```

ABCMeta 是 Metaclass for defining Abstract Base Classes 的缩写，也就是抽象基类的元类。所谓元类就是创建类的类。在定义抽象类时只需要在类定义中增加如下代码：

```
__metaclass__ = ABCMeta
```

即指定该类的元类是 ABCMeta。例如：

```
class myabc(object):
    __metaclass__ = ABCMeta
    ……
```

在抽象类里面可以定义抽象方法。定义抽象方法时需要在前面加上下面的代码：

```
@abstractmethod
```

因为抽象方法不包含任何实现的代码，所以其函数体通常使用 pass。例如，在抽象类 myabc 中定义一个抽象方法 abcmethod()，代码如下：

```
class myabc(object):
    __metaclass__ = ABCMeta
    @abstractmethod
    def abcmethod (self):
        pass
```

2. 实现抽象类

可以从抽象类派生子类。方法与普通类的派生和继承一样，可以参照 4.3.1 节理解。

3. 多态

所谓多态，指抽象类中定义的一个方法，可以在其子类中重新实现，不同子类中的实现方法也不相同。

【例 4–12】 下面通过一个实例来演示抽象类和多态。

首先创建一个抽象类 Shape，它定义了一个画图类的基本框架，代码如下：

```
class Shape(object):
    __metaclass__ = ABCMeta
    def __init__(self):
    self.color= 'black' #默认使用黑色

   @abstractmethod
    def draw(self):pass
```

例如，创建类 Shape 的子类 circle，代码如下：

```
class circle (Shape):
    def __init__(self, x, y, r): #定义圆心坐标和半径
        self.x = x
        self.y = y
        self.r = r
    def draw(self):
        print("Draw Circle: (%d, %d, %d)" %(self.x, self.y, self.r))
```

再从类 Shape 中派生出画直线的类 line，代码如下：

```
class line (Shape):
    def __init__(self, x1, y1, x2, y2): #定义起止坐标值
        self.x1 = x1
        self.y1 = y1
        self.x2 = x2
        self.y2 = y2
    def draw(self):
        print("Draw Line: (%d, %d, %d, %d)" %(self.x1, self.y1, self.x2, self.y2))
```

可以看到，在不同的子类中，抽象方法 draw()有不同的实现，这就是类的多态。

定义一个类 circle 的对象 c，然后调用 draw()方法，代码如下：

```
c = circle(10,10, 5)
c.draw()
```

定义一个类 line 的对象 l，然后调用 draw()函数，代码如下：

```
l = line(10,10, 20, 20)
l.draw()
```

输出结果如下：

```
Draw Circle: (10, 10, 5)
Draw Line: (10, 10, 20, 20)
```

因为抽象类的子类都实现抽象类中定义的抽象方法，所以可以把同一抽象类的各种子类对象定义成一个序列的元素，然后遍历列表，调用抽象方法。

【例 4–13】 将【例 4-12】中类 circle 和类 line 的对象组成一个列表 list。然后通过遍历列表 list，调用抽象方法。类 Shape 及其子类 circle 和 line 的定义与【例 4-12】中相同。定义对象列表和遍历列表调用抽象方法的代码如下：

```
c = circle(10,10, 5)
l = line(10,10, 20, 20)
list = []
list.append(c)
list.append(l)
```

```
for i in range(len(list)):
    list[i].draw()
```

输出结果如下：

```
Draw Circle: (10, 10, 5)
Draw Line: (10, 10, 20, 20)
```

4.4 复制对象

和普通变量一样，对象也可以通过赋值操作和传递函数参数等方式进行复制。

4.4.1 通过赋值复制对象

可以通过赋值操作复制对象，方法如下：

```
新对象名 = 原有对象名
```

【例 4–14】 在【例 4-13】的基础上，定义一个类 circle 的对象 mycircle，对其设置成员变量的值。然后再将其赋值到新的对象 newcircle 中，代码如下：

```
mycircle = circle(20,20, 5)
# 复制对象
newcircle = mycircle
newcircle.draw()
```

使用 newcircle 对象调用 draw()方法，输出结果如下：

```
Draw Circle: (20, 20, 5)
```

可见 newcircle 对象和 mycircle 对象的内容完全相同。

4.4.2 通过函数参数复制对象

可以在函数参数中使用对象，从而实现对象的复制。

【例 4–15】 在【例 4-13】中，定义一个函数 drawCircle()，代码如下：

```
def drawCircle(c):
    if isinstance(c, circle):
        c.draw()
```

因为在参数列表中并没有指定参数 c 的数据类型，为了防止在调用函数 draw()时出现错误，程序中使用 isinstance()函数判断变量 c 是否是类 circle 的实例。如果是，则调用 c.draw()方法。

执行下面的代码：

```
c1 = circle(100,100, 15)
drawCircle(c1)
```

结果如下：

```
Draw Circle: (100, 100, 15)
```

可以看到，对象 c1 的内容已经复制到参数 c 中。

可以在参数列表中使用抽象类的对象，它可以接收所有从抽象类派生的子类对象。这样就不需要为每个子类都定义一个对应的函数了。

【例 4-16】　定义一个函数 drawShape()，代码如下：

```
def drawShape(s):
    if isinstance(s, Shape):
        s.draw()
```

需要使用类 Shape 的子类对象作为参数调用 drawShape()函数。因为类 Shape 是抽象类，它的 draw()方法没有具体的实现代码。如果以 circle 对象或 line 对象作为参数，则可以执行 circle->draw()方法或 line->draw()方法。具体代码如下：

```
# 画圆
c1 = circle(100,100, 15)
drawShape(c1)
# 画直线
l = line(10,10, 20, 20)
drawShape(l)
```

运行结果如下：

```
Draw Circle: (100, 100, 15)
Draw Line: (10, 10, 20, 20)
```

可以看到，c1 对象和 l 对象的内容都可以传递到参数 s 中。

习　题

一、选择题

1．构造函数是类的一个特殊函数，在 Python 中，构造函数的名称为（　　）。

A．与类同名　　　　B．__construct

C．__init__　　　　D．init

2．在每个 Python 类中，都包含一个特殊的变量（　　）。它表示当前类自身，可以使用它来引用类中的成员变量和成员函数。

A．this　　B．me　　C．self　　D．与类同名

3．Python 定义私有变量的方法为（　　）。

A．使用 private 关键字　　B．使用 public 关键字

C．使用__xxx__定义变量名　　D．使用__xxx 定义变量名

二、填空题

1．在 Python 中，可以使用________关键字来声明一个类。

2．类的成员函数必须有一个参数______，而且位于参数列表的开头。它就代表类的实例（对象）自身。

3．可以使用装饰符________定义类方法。

4．使用________函数可以用来检测一个给定的对象是否属于（继承于）某个类或类型，如果是则返回 True；否则返回 False。

5．对象也可以通过________和________等方式进行复制。

三、简答题

1．试述面向对象程序设计思想。

2．试述类的继承和多态的概念。

第 5 章 Python 模块

模块是 Python 语言的一个重要概念，它可以将函数按功能划分到一起，以便日后使用或共享给他人。用户可以使用 Python 标准库中的模块，也可以下载和使用第三方模块。

5.1 Python 标准库中的常用模块

Python 标准库是 Python 自带的开发包，是 Python 的组成部分，它会随 Python 解释器一起安装在系统中。Python 的标准库中包含很多模块，本节将介绍其中一些常用模块的使用方法。

5.1.1 sys 模块

sys 模块是 Python 标准库中最常用的模块之一。通过它可以获取命令行参数，从而实现从程序外部向程序传递参数的功能；也可以获取程序路径和当前系统平台等信息。

1. 导入 sys 模块

在使用模块之前需要导入模块。使用 import 语句可以导入模块，语句如下：

```
import 模块名
```

例如，导入 sys 模块的语句如下：

```
import sys
```

2. 使用模块中的函数和变量

可以使用下面的方式访问模块中的函数：

```
模块名.函数名(参数列表)
```

可以使用下面的方式访问模块中的变量：

```
模块名.变量
```

3. 获取当前的操作系统平台

Python 是支持跨平台的语言。因此，在程序中经常需要获取当前的操作系统平台，以便针对不同的操作系统编写对应的程序。

使用变量 sys.platform 可以获取当前的操作系统平台。

【例 5-1】 使用变量 sys.platform 打印当前的操作系统平台。

```
import sys
print(sys.platform)
```

sys.platform 只返回操作系统的平台信息，并不包含操作系统的具体信息。在 Windows 操作系统上运行【例 5-1】的结果如下：

```
win32
```

4. 使用命令行参数

所谓命令行参数是指在运行程序时命令行中给定的参数。例如，以下面的命令运行 1.py：

```
python 1.py a b c
```

a、b、c 连同脚本文件 1.py 本身都是命令行参数。通过命令行参数可以向程序中传递数据。

使用 sys 模块的 argv 数组可以在 Python 中获取命令行参数。sys.argv [0]是当前运行的脚本文件的文件名，sys.argv [1]是第 1 个命令行参数，sys.argv [2]是第 2 个命令行参数，依此类推。

【例 5-2】 打印命令行参数。

```
import sys
print("共有",len(sys.argv),"个命令行参数。")
for i in range(0, len(sys.argv)):
    print("第", i+1,"个参数为:", sys.argv[i])
```

程序首先打印命令行参数的数量，然后使用 for 语句依次打印命令行参数的内容。打开命令行窗口，切换到【例 5-2】.py 所在的目录，执行下面的命令：

```
python 例5-2.py a b c
```

结果如下：

```
共有 4 个命令行参数。
第 1 个参数为：例5-2.py
第 2 个参数为：a
第 3 个参数为：b
第 4 个参数为：c
```

5. 退出应用程序

使用 sys.exit()函数可以退出应用程序。语法如下：

```
sys.exit(n)
```

n=0 时，程序无错误退出；n=1 时，程序有错误退出。

【例 5-3】 使用 sys.exit()函数的例子。

```
import sys
if len(sys.argv)<2:
    print("请使用命令行参数")
    sys.exit(1)
for i in range(0, len(sys.argv)):
    print("第", i+1,"个参数为:", sys.argv[i])
```

如果命令行参数的数量小于 2，则程序提示"请使用命令行参数"后退出。

6. 字符编码

在计算机中，字母、各种控制符号、图形符号等都以二进制编码的方式存入计算机并进行处理。这种对字母和符号进行编码的二进制代码称为字符代码。常用的字符编码为 ASCII 码（美国标准信息交换码）。ASCII 码使用 7 个或 8 个二进制位进行编码的方案，最多可以表示 256 个字符，包括字母、数字、标点符号、控制字符及其他符号。

常用的处理中文的字符编码包括 GB 2312、GBK 和 BIG5 等。

- GB 2312 编码：中华人民共和国国家汉字信息交换用编码，全称《信息交换用汉字编码字符集——基本集》，1980 年由国家标准总局发布。GB 2312 编码使用两个字节表示一个汉字，所以理论上最多可以表示 256×256=65 536 个汉字。但实际上 GB 2312 编码基本集共收入汉字 6763 个和非汉字图形字符 682 个。
- GBK 编码：汉字内码扩展规范，K 为扩展的汉语拼音中"扩"字的声母。GBK 编码标准兼容 GB 2312，共收录 21 003 个汉字、883 个符号，并提供 1894 个造字码位，简、繁体字融于一库。
- BIG5 编码：一种繁体中文汉字字符集，其中收录繁体汉字 13 053 个，808 个标点符号、希腊字母及特殊符号。因为 BIG5 的字符编码范围同 GB 2312 字符的存储码范围存在冲突，所以在同一文件中不能同时支持两种字符集的字符。

还有一种通用的字符编码——UTF-8。UTF-8 是 8-bit Unicode Transformation Format 的缩写，它是一种针对 Unicode 的可变长度字符编码，又称万国码。Unicode 是为了解决传统的字符编码方案的局限而产生的，它为每种语言中的每个字符设定了统一并且唯一的二进制编码，以满足跨语言、跨平台进行文本转换、处理的要求。

在编写程序时需要考虑字符编码，否则可能会出现乱码的情况。例如，出现类似"6Ï Я A з ЪС Я"和"�????????"等字符。

可以使用 sys.getdefaultencoding()函数获取系统当前编码。

【例 5-4】 打印系统当前编码。

```
import sys
print(sys.getdefaultencoding())
```

在中文 Windows 7 系统下运行结果为：

```
utf-8
```

7. 搜索模块的路径

当使用 import 语句导入模块时，Python 会自动搜索模块文件，可以通过 sys.path 获取搜索模块的路径。

【例 5-5】 打印 Python 搜索模块的路径。

```
import sys
print(sys.path)
```

笔者的环境是 Windows 7+ Python 3.6.4，运行结果为：

```
['C:/Users/WX/Desktop',
'C:\\Users\\WX\\AppData\\Local\\Programs\\Python\\Python36\\Lib\\idlelib',
'C:\\Users\\WX\\AppData\\Local\\Programs\\Python\\Python36\\python36.zip',
'C:\\Users\\WX\\AppData\\Local\\Programs\\Python\\Python36\\DLLs',
'C:\\Users\\WX\\AppData\\Local\\Programs\\Python\\Python36\\lib',
'C:\\Users\\WX\\AppData\\Local\\Programs\\Python\\Python36',
'C:\\Users\\WX\\AppData\\Local\\Programs\\Python\\Python36\\lib\\site-packages']
```

sys.path 实际上是个列表，第 1 个元素是当前程序所在的目录。如果希望 Python 到指定的目录搜索模块文件，则可以向 sys.path 中添加指定的目录，方法如下：

```
sys.path.append(指定的目录)
```

5.1.2 platform 模块

platform 模块可以获取操作系统的详细信息和与 Python 有关的信息。

1. 获取操作系统名称及版本号

使用 platform.platform()函数可以获取操作系统名称及版本号信息。

【例 5-6】 打印当前操作系统名称及版本号。

```
import platform
print(platform.platform())
```

在 Windows 7 系统下运行此程序结果如下：

```
Windows-7-6.1.7601-SP1
```

2. 获取操作系统类型

使用 platform.system()函数可以获取操作系统类型。

【例 5–7】 打印当前操作系统类型。

```
import platform
print(platform.system())
```

在 Windows 平台下运行此程序结果如下：

```
Windows
```

3. 获取操作系统版本信息

使用 platform.version()函数可以获取操作系统的版本信息。

【例 5–8】 打印当前操作系统的版本信息。

```
import platform
print(platform.version())
```

在 Windows 7 系统下运行此程序结果如下：

```
6.1.7601
```

4. 获取计算机类型信息

使用 platform.machine()函数可以获取计算机类型信息。

【例 5–9】 打印当前计算机类型信息。

```
import platform
print(platform. machine())
```

在笔者的计算机上运行此程序结果如下：

```
AMD64
```

5. 获取计算机的网络名称

使用 platform.node()函数可以获取计算机的网络名称。

【例 5–10】 打印当前计算机的网络名称。

```
import platform
print(platform.node())
```

在笔者的计算机上运行此程序结果如下：

```
home-pc
```

6. 获取计算机的处理器信息

使用 platform.processor()函数可以获取计算机的处理器信息。

【例 5-11】 打印当前计算机的处理器信息。

```
import platform
print(platform.processor())
```

在笔者的计算机上运行此程序结果如下：

```
Intel64 Family 6 Model 69 Stepping 1, GenuineIntel
```

7. 获取计算机的综合信息

使用 platform.uname()函数可以获取计算机的以上所有综合信息。

【例 5-12】 打印当前计算机的综合信息。

```
import platform
print(platform.uname())
```

在笔者的计算机上运行此程序结果如下：

```
uname_result(system='Windows',  node='WX-PC',  release='7',  version='6.1.7601',
machine='AMD64', processor='Intel64 Family 6 Model 69 Stepping 1, GenuineIntel')
```

8. 获取 Python 版本信息

使用 platform.python_build()函数可以获取 Python 完整版本信息，包括 Python 的主版本、编译版本号和编译时间等信息。

【例 5-13】 打印 Python 版本信息。

```
import platform
print(platform.python_build())
```

在笔者的计算机上运行此程序结果如下：

```
('v3.6.4:d48eceb', 'Dec 19 2017 06:54:40')
```

可以看到 Python 的版本为 3.6.4，编译版本号为 d48eceb，编译时间为 2017 年 12 月 19 日 06:54:40。

调用 platform.python_version()函数可以获取 Python 的主版本信息。调用 platform.python_version_tuple()函数可以以元组格式返回 Python 的主版本信息。

【例 5-14】 打印 Python 主版本信息。

```
import platform
print(platform.python_version())
print(platform.python_version_tuple())
```

在笔者的计算机上运行此程序结果如下：

```
3.6.4
('3', '6', '4')
```

使用 platform. python_revision()函数可以获取 Python 修订版本信息。

修订版本就是版本库的一个快照（也就是每次修改的备份），当版本库不断扩大，必须有手段来识别这些快照。因此，需要为每个修订版本定义修订版本号。

【例 5–15】　打印 Python 修订版本信息。

```
import platform
print(platform.python_revision())
```

在笔者的计算机上运行此程序结果为 d48eceb。

9. 获取 Python 解释器信息

使用 platform. python_compiler ()函数可以获取 Python 的解释器信息。

【例 5–16】　打印 Python 的解释器信息。

```
import platform
print(platform.python_compiler())
```

在笔者的计算机上运行此程序结果如下：

```
MSC v.1900 64 bit (AMD64)
```

10. 获取 Python 分支信息

使用 platform.python_branch()函数可以获取 Python 的分支（branch）信息。分支是软件版本控制中的一个概念，一个分支是某个开发主线的一个拷贝，分支可以为特定客户实现特定需求。分支存在的意义在于，在不干扰开发主线的情况下，和主线并行开发，待开发结束后合并回主线中，在分支和主线各自开发的过程中，它们都可以不断地提交自己的修改，从而使得每次修改都有记录。主线与分支的关系如图 5-1 所示。

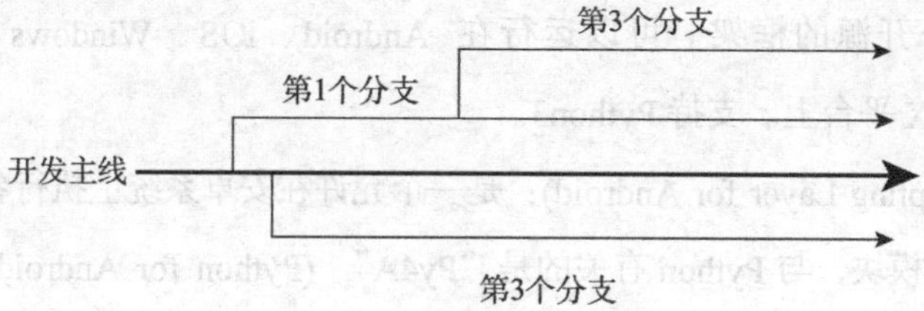

图 5-1　主线与分支的关系

可以看到，可以在主线上创建分支，也可以在分支上创建分支。

【例 5–17】　打印 Python 的分支信息。

```
import platform
print(platform.python_branch())
```

在笔者的计算机上运行此程序的结果如下：

```
v3.6.4
```

11. 获取 Python 解释器的实现版本信息

Python 的解释器有很多种实现方式，具体如下。

- CPython：默认的 Python 实现。脚本大多数情况下都运行在这个解释器中。CPython 是官方的 Python 解释器，完全按照 Python 的规格和语言定义来实现，所以被当作其他版本实现的参考版本。CPython 是用 C 语言写的，当执行代码的时候 Python 代码会被转化成字节码。因此 CPython 是个字节码解释器。
- PyPy：由 Python 写成的解释器，很多地方都和 CPython 的实现很像。这个解释器的代码先转化成 C，然后再编译。PyPy 比 CPython 性能更好。因为 CPython 会把代码转化成字节码，PyPy 会把代码转化成机器码。
- Psyco：类似 PyPy 的解释器，现在已经被 PyPy 取代了。
- Jython：使用 Java 实现的一个解释器，可以把 Java 的模块加载在 Python 的模块中使用。
- IronPython：使用 C#语言实现，可以使用在.NET 和 Mono 平台的解释器。
- CLPython：使用 Common Lisp 实现的解释器，它允许 Python 和 Common Lisp 的代码混合使用。
- PyS60：诺基亚 S60 平台的实现版本。
- ActivePython：基于 CPython 然后添加一系列拓展的一个实现，是由 ActiveState 发布的。
- Cython：一个允许把 Python 代码转化成 C/C++代码或者使用各种各样的 C/C++模块或文件的实现。
- QPython：CPython 解释器的一个安卓接口。
- Kivy：一个开源的框架。可以运行在 Android、iOS、Windows、Linux、MeeGo、Android SDK 和 OS X 平台上。支持 Python3。
- SL4A （Scripting Layer for Android）：是一个允许在安卓系统上执行各种脚本语言的兼容层。SL4A 有很多的模块，与 Python 有关的是“Py4A” （Python for Android）。Py4A 是安卓平台上的一种 CPython。

使用 platform.python_implementation ()函数可以获取 Python 解释器的实现版本信息。

【例 5–18】 打印 Python 解释器的实现版本信息。

```
import platform
print(platform. python_implementation())
```

在笔者的计算机上运行此程序结果为 CPython。

5.1.3 与数学有关的模块

本节介绍几个与数学有关的 Python 标准库模块，包括 math 模块、random 模块、decimal 模块和 fractions 模块。

1. math 模块

math 模块为基础数学处理模块，可以实现基本的数学运算。首先需要使用 import 语句导入模块，语句如下：

```
import math
```

math 模块定义了 e（自然对数）和 pi（π）两个常量。

【例 5-19】 打印 e（自然对数）和 pi（π）的值。

```
import math
print(math.e)
print(math.pi)
```

运行结果如下：

```
2.718281828459045
3.141592653589793
```

math 模块的常用方法如表 5-1 所示。

表 5-1 math 模块的常用方法

方法	原型	具体说明
asin	math.asin (x)	返回 x 的反正弦
asinh	math.asinh(x)	返回 x 的反双曲正弦
atan	math.atan(x)	返回 x 的反正切
atan2	math.atan2(y,x)	返回 y/x 的反正切
atanh	math.atanh(x)	返回 x 的反双曲正切
ceil	math.ceil(x)	返回大于等于 x 的最小整数
copysign	math.copysign(x,y)	返回与 y 同号的 x 值
cos	math.cos(x)	返回 x 的余弦
cosh	math.cosh(x)	返回 x 的双曲余弦
degrees	math.degrees(x)	将 x（弧长）转成角度，与 radians 为反函数
exp	math.exp(x)	返回 ex
fabs	math.fabs(x)	返回 x 的绝对值
factorial	math.factorial(x)	返回 x!
floor	math.floor(x)	返回小于等于 x 的最大整数
fmod	math.fmod(x,y)	返回 x 对 y 取模的余数
fsum	math.fsum(x)	返回 x 阵列值的各项和

续表

方法	原型	具体说明
hypot	math.hypot(x,y)	返回 $\sqrt{x^2+y^2}$
isinf	math.isinf(x)	如果 x 等于正负无穷大，则返回 True；否则，返回 False
isnan	math.isnan(x)	如果 x 不是数字，则返回 True；否则，返回 False
log	math.log(x,a)	返回 $\log_a x$，如果不指定参数 a，则默认使用 e
log10	math.log10(x)	返回 $\log_{10} x$
pow	math.pow(x,y)	返回 xy
radians	math.radians(c)	將 x（角度）转成弧长，与 degrees 为反函数
sin	math.sin(x)	返回 x 的正弦
sinh	math.sinh(x)	返回 x 的双曲正弦
sqrt	math.sqrt(x)	返回 $\sqrt{x}$
tan	math.tan(x)	返回 x 的正切
tanh	math.tanh(x)	返回 x 的双曲正切
trunc	math.trunc(x)	返回 x 的整数部份

【例 5-20】 使用 math 模块的实例。

```
import math
print('math.ceil(3.4)=')
print(math.ceil(3.4))
print('math.fabs(-3)=')
print(math.fabs(-3))
print('math.floor(3.4)=')
print(math.floor(3.4))
print('math.sqrt(4)=')
print(math.sqrt(4))
print('math.trunc(3.4)=')
print(math.trunc(3.4))
```

运行结果如下：

```
math.ceil(3.4)=
4
math.fabs(-3)=
3.0
math.floor(3.4)=
3
math.sqrt(4)=
2.0
math.trunc(3.4)=
3
```

2. random 模块

random 模块用于生成随机数，random 模块的常用方法如表 5-2 所示。

表 5-2　random 模块的常用方法

方法	原型	具体说明
random	random.random()	生成一个 0 到 1 的随机浮点数：0≤n＜1.0
uniform	random.uniform(a, b)	用于生成一个指定范围内的随机浮点数，两个参数其中一个是上限，另一个是下限。如果 a＜b，则生成的随机数 n 满足 a≤n≤b。如果 a＞b，则 b≤n≤a
randint	random.randint(a, b)	用于生成一个指定范围内的整数。其中参数 a 是下限，参数 b 是上限，生成的随机数 n: a≤n≤b
randrange	random.randrange ([start], stop[, step])	从指定范围内，按指定基数递增的集合中 获取一个随机数。例如：random.randrange(1, 10, 2)，结果相当于从[1, 3, 5, 7, 9]序列中获取一个随机数
choice	random.choice (sequence)	从序列中获取一个随机元素。参数 sequence 表示一个有序类型，可以是列表、元组或字符串
shuffle	random.shuffle (x)	用于将一个列表中的元素打乱。x 是一个列表
sample	random.sample(sequence, k)	从指定序列中随机获取 k 个元素，以列表类型返回，原有序列不会被修改

【例 5-21】　随机生成一个 0~100 的整数。

```
import random
print(random.randint(0,100))
```

每次运行的结果不同，但都是 0~100 的整数，否则就不是随机数了。后面的随机数实例也是一样。

【例 5-22】　随机生成一个 0~100 间的偶数。

```
import random
print(random.randrange(0, 101, 2))
```

【例 5-23】　随机生成一个 0~1 之间的浮点数。

```
import random
print(random.random())
```

【例 5-24】　从指定字符集合里随机获取一个字符。

```
import random
print(random.choice('jklhgy&#&*()%^@'))
```

【例 5-25】　将一个列表中的元素打乱。

```
import random
list = [1, 2, 3, 4, 5, 6]
```

```
random.shuffle(list)
print(list)
```

【例 5-26】 从指定序列中随机获取指定长度的片断。

```
import random
list = [1, 2, 3, 4, 5, 6]
print(random.sample(list,3))
```

3. decimal 模块

浮点数缺乏精确性，decimal 模块提供了一个 Decimal 数据类型用于浮点数计算。与内置的二进制浮点数实现 float 相比，Decimal 数据类型更适用于金融应用和其他需要精确十进制表达的情况。

首先需要使用 import 语句导入模块 decimal，语句如下：

```
from decimal import Decimal
```

使用下面的方法可以将数据定义为 Decimal 类型：

```
Decimal(数字字符串)
```

【例 5-27】 使用 Decimal 数据类型的例子。

```
from decimal import Decimal
print(Decimal("1.0") / Decimal("3.0"))
```

运行结果如下：

```
0.3333333333333333333333333333
```

Decimal 在一个独立的上下文环境下工作，可以通过 getcontext()方法来获取当前环境。例如，可以通过 decimal.getcontext().prec 来设定小数点精度（默认为 28）。在调用 getcontext()方法之前，需要使用下面的语句，导入 getcontext()方法。

```
from decimal import getcontext
```

【例 5-28】 使用 Decimal 数据类型的例子。

```
from decimal import Decimal
from decimal import getcontext
getcontext().prec = 6
print(Decimal("1.0") / Decimal("3.0"))
```

运行结果如下：

```
0.333333
```

4. fractions 模块

fractions 模块用于表现和处理分数。首先需要使用 import 语句导入模块 fractions，语句如下：

```
import fractions
```

使用下面的方法可以定义分数数据：

```
x = fractions.Fraction(分子, 分母)
```

【例 5-29】 使用 fractions 模块定义分数的例子。

```
import fractions
x = fractions.Fraction(1, 3)
print(x)
```

运行结果如下：

```
1/3
```

Fraction()函数将会自动进行约分。

【例 5-30】 Fraction()函数自动进行约分的例子。

```
import fractions
x = fractions.Fraction(1, 6)
print(x*4)
```

运行结果如下：

```
2/3
```

1/6 乘以 4 应该等于 4/6，经过自动约分后输出 2/3。

5.1.4 time 模块

time 模块是 Python 标准库中最常用的模块之一， time 模块可以提供各种操作时间的函数。

1. 时间的表示方式

计算机可以使用时间戳、格式化时间的字符串和 struct_time 元组等 3 种方式表示时间。

UNIX 时间戳（UNIX timestamp），或称 UNIX 时间（UNIX time）、POSIX 时间（POSIX time），是一种时间表示方式，定义为从格林尼治时间 1970 年 01 月 01 日 00 时 00 分 00 秒（北京时间 1970 年 01 月 01 日 08 时 00 分 00 秒）起至现在的总秒数。UNIX 时间戳不仅被使用在 UNIX 系统、类 UNIX 系统中（比如 Linux 系统），也被广泛采用在许多其他操作系统中。

struct_time 元组包含 9 个元素，具体如下：

- year，4 位的年份，如 2018。

- month，月份，1~12 的整数。
- day，日期，1~31 的整数。
- hours，小时，0~23 的整数。
- minutes，分钟，0~59 的整数。
- seconds，秒钟，0~59 的整数。
- weekday，星期，0~6 的整数，星期一为 0。
- Julian day，一年有几天，1~366 的整数。
- DST，表示是否为夏令时。如果 DST 等于 0，则给定的时间属于标准时区；如果 DST 等于 1，则给定的时间属于夏令时时区。

2. 获取当前时间

调用 time.time()函数可以获取当前时间的时间戳。

【例 5-31】 使用 time.time()函数的例子。

```
import time
print(time.time())
```

运行结果如下：

```
1521536723.4636776
```

可以看到，时间戳只是一个大的浮点数，很难看得懂具体的时间。

3. 将一个时间戳转换成一个当前时区的 struct_time

调用 time.localtime()函数可以 将一个时间戳转换成一个当前时区的 struct_time。

【例 5-32】 使用 time.localtime()函数的例子。

```
import time
print(time.localtime(time.time()))
```

运行结果如下：

```
time.struct_time(tm_year=2018, tm_mon=3, tm_mday=20, tm_hour=17, tm_min=5, tm_sec=50, tm_wday=1, tm_yday=79, tm_isdst=0)
```

虽然可以看出现在的时间，但是输出的结果与人们的习惯还是不同。

4. 格式化输出 struct_time 时间

调用 time.strftime ()函数可以按照指定的格式输出 struct_time 时间，具体方法如下：

```
time.strftime(格式字符串, struct_time 时间)
```

格式字符串中可以使用的日期和时间符号如下。

- %y 两位数的年份表示（00~99）。

- %Y 四位数的年份表示（0000~9999）。
- %m 月份（01~12）。
- %d 月内中的一天（01~31）。
- %H 24 小时制小时数（0~23）。
- %I 12 小时制小时数（01~12）。
- %M 分钟数（00~59）。
- %S 秒（00~59）。
- %a 本地简化星期名称。
- %A 本地完整星期名称。
- %b 本地简化的月份名称。
- %B 本地完整的月份名称。
- %c 本地相应的日期表示和时间表示。
- %j 年内的一天（001~366）。
- %p 本地 A.M.或 P.M.。
- %U 一年中的星期数（00~53），星期天为星期的开始。
- %w 星期（0~6），星期天为星期的开始。
- %W 一年中的星期数（00~53）星期一为星期的开始。
- %x 本地相应的日期表示。
- %X 本地相应的时间表示。
- %Z 当前时区的名称。
- %% %号本身。

【例 5-33】 使用 time.strftime()函数的例子。

```
import time
print(time.strftime('%Y-%m-%d',time.localtime(time.time())))
```

运行结果如下：

```
2018-03-20
```

5. 直接获取当前时间的字符串

调用 time.ctime()函数可以返回当前时间的字符串。

【例 5-34】 使用 time.ctime()函数的例子。

```
import time
print(time.ctime())
```

运行结果如下：

```
Tue Mar 20 17:06:34 2018
```

5.2 自定义和使用模块

本节介绍定义模块和使用模块的基本方法。

5.2.1 创建自定义模块

可以把函数组织到模块中。在其他程序中可以引用模块中定义的函数。这样可以使程序具有良好的结构，增加代码的重用性。

模块是一个.py 文件，其中包含函数的定义。

【例 5–35】 创建一个模块 mymodule.py，其中包含两个函数 PrintString()和 sum()，代码如下：

```
# 打印字符串
def PrintString(str):
    print(str)
#求和
def sum(num1, num2):
    print(num1 + num2)
```

一个应用程序中可以定义多个模块，通常使用易读的名字来标识它们。例如，将与数学计算相关的模块命名为 mymath.py，将与数据库操作相关的模块命名为 mydb.py。

5.2.2 导入模块

前面已经介绍过使用 import 语句导入模块的方法。导入自定义模块的方法与导入 Python 标准库中模块的方法相同。

【例 5–36】 假定例 5-35 中创建的模块 mymodule.py 保存在与例 5-36.py 同一目录下，引用其中包含的函数 PrintString()和 sum()，代码如下：

```
import mymodule # 导入 mymodule 模块
mymodule.PrintString("Hello Python")#调用 PrintString()函数
mymodule.sum(1,2)  #调用 sum()函数
```

运行结果如下：

```
Hello Python
3
```

习　题

一、选择题

1．（　　）模块是 Python 标准库中最常用的模块之一。通过它可以获取命令行参数，从而实现从程序外部向程序传递参数的功能；也可以获取程序路径和当前系统平台等信息。

A．sys　　B．platform　　C．math　　D．time

2．（　　）不是用于处理中文的字符编码。

A．GB2312　　B．GBK　　C．BIG5　　D．ASCII

3．（　　）可以返回 x 的整数部分。

A．math.ceil(x)　　B．math.fabs(x)

C．math.pow(x,y)　　D．math.trunc(x)

二、填空题

1．________________模块可以提供各种操作时间的函数。

2．可以使用________________语句导入模块。

3．使用 platform.________________()函数可以获取操作系统的版本信息。

4．使用 platform.________________()函数可以获取计算机的处理器信息。

第6章 函数式编程

函数式编程是一种范式。本章首先对函数式编程的基本概念进行介绍，然后介绍 Python 语言是如何实现函数式编程的。

6.1 函数式编程概述

尽管面向对象是目前最流行的编程思想，但是很多人不了解，在面向对象思想产生之前，函数式编程是非常流行的主流编程思想。本节介绍函数式编程的概念和优势，看看为什么这种古老的编程思想，又恢复了活力，重新走进人们的视线。

6.1.1 什么是函数式编程

函数式编程是一种编程的基本风格，也就是构建程序的结构和元素的方式。函数式编程将计算过程看作是数学函数，也就是可以使用表达式编程。在函数的代码中，函数的返回值只依赖传入函数的参数，因此使用相同的参数调用函数两次，会得到相同的结果。

下面介绍几个与函数式编程有关的概念。

1. 头等函数（First-class Function）

如果一种编程语言把函数视为头等函数，则可以称其拥有头等函数。拥有头等函数的编程语言可以将函数作为其他函数的参数，也可以将函数作为其他函数的返回值。可以把函数赋值给变量或存储在元组、列表、字典、集合等数据结构中。有的语言还支持匿名函数。

在拥有头等函数的编程语言中，函数名没有任何特殊的状态，而是将函数看作是 function 类型的二进制类型。

2. 高阶函数（Higher-order Function）

高阶函数是头等函数的一种实践，它是可以将其他函数作为参数或返回结果的函数。例如，定义一个高阶函数 map()，有两个参数，一个是函数 func()，另一个是列表 list。map()函数将 list 里面的所有元素应用函数 func()，并将处理结果组成一个列表 list1，最后将 list1 作为 map()函数的返回结果。

3．纯函数

纯函数具有如下特性。

（1）纯函数与外界交换数据只有唯一渠道——参数和返回值。

（2）纯函数不操作全局变量，没有状态、无 I/O 操作，不改变传入的任何参数的值。理想情况下，不会给他传入任何外部数据。

（3）很容易把一个纯函数移植到一个新的运行环境，最多只需要修改类型定义即可。

（4）纯函数具有引用透明性（Referential Transparency）。也就是说，对于同一个输入值，它一定得到相同的输出值，而与在什么时候、在什么情况下执行该函数无关。

4．递归

在函数式编程语言中循环通常通过递归来实现。递归就是在函数里调用自身；在使用递归策略时，必须有一个明确的递归结束条件，称为递归出口。

6.1.2　函数式编程的优点

1．便于进行单元测试

所谓单元测试是指对软件中的最小可测试单元进行检查和验证。函数正是最小可测试单元的一种。

2．便于调试

如果一个函数式编程运行时没有达到预期的效果，可以很容易地对其进行调试。因为在函数式编程中使用相同的参数调用函数两次，会得到相同的结果。bug 将很容易重现，有利于找到造成 bug 的原因。

3．适合并行执行

所谓并行，通常指程序的不同部分可以同时运行而不互相干扰。程序并行执行的最大问题是可能造成死锁。死锁指两个或两个以上的进程（线程）在执行过程中，因争夺资源而造成的一种互相等待的现象，如果没有外力作用，它们都将无法推进下去。

在函数式程序里没有任何数据被同一线程修改两次，更不用说两个不同的线程了。因此并行执行时不会有死锁的情况。

函数式编程还有一些优点，这里就不一一介绍了，与其抽象地空谈，不如亲自见识一下传说中的函数式编程吧！

6.2 Python 函数式编程常用的函数

本节介绍 Python 函数式编程中的几个常用函数，从而体验函数式编程的风格。

6.2.1 lambda 表达式

lambda 函数是一种匿名函数，是从数学里的 λ 演算得名的。λ 演算可以用来定义什么是一个可计算函数。

1. lambda 函数

Python 的 lambda 表达式的函数体只能有唯一的一条语句，也就是返回值表达式语句。其语法如下：

```
返回函数名 = lambda 参数列表 : 函数返回值表达式语句
```

例如，下面的 lambda 表达式可以计算 x、y 和 z 等 3 个参数的和：

```
sum = lambda x,y,z : x+y+z
```

可以使用 sum(x,y,z)调用上面的 lambda 表达式。

【例 6-1】 使用 lambda 表达式的例子。

```
sum = lambda x,y,z : x+y+z
print(sum(1,2,3))
```

运行结果为 6。

例 6-1 中的 lambda 表达式相当于下面的函数。

```
def sum(x,y,z):
    return x+y+z
```

2. lambda 表达式序列

可以将 lambda 表达式作为序列（如列表、元组或字典等）元素，从而实现跳转表的功能，也就是函数的列表。lambda 表达式序列的定义方法如下：

```
序列 = [(lambda 表达式 1), (lambda 表达式 2), …]
```

调用序列中 lambda 表达式的方法如下：

```
序列[索引]( lambda 表达式的参数列表)
```

【例 6-2】 定义一个 lambda 表达式序列。第 1 个元素用于计算参数的平方，第 2 个元素用于计算参数的立方，第 3 个元素用于计算参数的四次方。代码如下：

```
Arr= [(lambda x: x**2), (lambda x: x**3), (lambda x: x**4)]
print(Arr[0](2), Arr[1](2), Arr[2](2))
```

程序分别计算并打印 2 的平方、立方和四次方。运行结果如下：

```
4 8 16
```

3. 将 lambda 表达式作为函数的返回值

可以在普通函数中返回 lambda 表达式。

【例 6-3】　定义一个函数 math。当参数 o 等于 1 时返回计算加法的 lambda 表达式；当参数 o 等于 2 时返回计算计算减法的 lambda 表达式；当参数 o 等于 3 时返回计算乘法的 lambda 表达式；当参数 o 等于 4 时返回计算除法的 lambda 表达式。代码如下：

```
def math(o):
    if(o==1):
        return lambda x,y : x+y
    if(o==2):
        return lambda x,y : x-y
    if(o==3):
        return lambda x,y : x*y
    if(o==4):
        return lambda x,y : x/y

action = math(1)#返回加法 lambda 表达式
print("10+2", action(10,2))
action = math(2)#返回减法 lambda 表达式
print("10-2=",action(10,2))
action = math(3)#返回乘法 lambda 表达式
print("10*2,=",action(10,2))
action = math(4)#返回除法 lambda 表达式
print("10/2,=",action(10,2))
```

程序调用 math()函数分别计算 10+2、10–2、10*2 和 10/2，结果如下：

```
10+2 12
10-2= 8
10*2,= 20
10/2,= 5.0
```

6.2.2　map()函数

map()函数用于将指定序列中的所有元素作为参数调用指定函数，并将结果构成一个新的序列返回。map 函数的语法如下：

```
结果序列 = map(映射函数, 序列1[, 序列2,…])
```

在 map()函数的参数中，可以有多个序列，这取决于映射函数的参数数量。序列 1、序列 2 等序列中元素会按顺序作为映射函数的参数，映射函数的返回值将作为 map()函数的返回序列的元素。

【例 6-4】 使用 map()函数依次计算 2、4、6、8 和 10 的平方。

```
arr = map(lambda x: x ** 2, [2, 4, 6, 8, 10])
for e in enumerate(arr):
   print(e)
```

本例中映射函数是一个 lambda 表达式，用于计算参数的平方。因为映射函数只有一个参数，所以 map()函数中只有一个序列参数。map()对序列参数应用 lambda 表达式，将计算结果作为序列返回。然后，打印返回的元素。运行结果如下：

```
(0, 4)
(1, 16)
(2, 36)
(3, 64)
(4, 100)
```

【例 6-5】 在 map()函数中对两个序列进行处理。

```
arr = map(lambda x,y: x + y, [1, 3, 5, 7, 9] ,[2, 4, 6, 8, 10])
for e in enumerate(arr):
   print(e)
```

本例中映射函数是一个有两个参数的 lambda 表达式，用于计算参数之和。因为映射函数有两个参数，所以 map()函数中有两个序列参数。map()函数对两个序列参数中对应位置的元素应用 lambda 表达式，将计算结果作为序列返回。然后，打印返回的元素。运行结果如下：

```
(0, 3)
(1, 7)
(2, 11)
(3, 15)
(4, 19)
```

6.2.3 filter()函数

filter()函数可以对指定序列执行过滤操作，具体定义如下：

```
filter(函数 function, 序列 sequence)
```

函数 function 接受一个参数，返回布尔值 True 或 False。序列 sequence 可以是列表、元组或字符串。

filter()函数以序列参数 sequence 中的每个元素为参数调用 function 函数，调用结果为 True 的元素最后将作为 filter()函数的结果返回。

【例 6-6】 使用 filter()函数的例子。

```
def is_even(x):
    return x %2 == 0

arr = filter(is_even, [1, 2, 3, 4, 5, 6, 7, 8, 9, 10])
for e in enumerate(arr):
   print(e)
```

本例中定义了一个 is_even()函数，如果指定参数 x 为偶数，则返回 True；否则返回 False。filter()函数以 is_even()函数和一个包含 1~10 整数的数组为参数，用于从 1~10 的整数中筛选出所有偶数。运行结果如下：

```
(0, 2)
(1, 4)
(2, 6)
(3, 8)
(4, 10)
```

6.2.4 reduce()函数

reduce()函数用于将指定序列中的所有元素作为参数，按一定的规则调用指定函数。reduce函数的语法如下：

```
计算结果= reduce(映射函数, 序列)
```

映射函数必须有两个参数。reduce()函数首先以序列的第 1 和第 2 个元素为参数调用映射函数，然后将返回结果与序列的第 3 个元素为参数调用映射函数。依此类推，直至应用到序列的最后一个元素，将计算结果作为 reduce()函数的返回结果。

从 Python 3.0 后，reduce()函数不被集成在 Python 内置函数中，需要使用下面的语句引用 functools 模块，才能调用 reduce()函数。

【例 6-7】 使用 reduce ()函数计算 2、4、6、8、10 的和。

```
from functools import reduce
def myadd(x,y):
   return x+y
sum=reduce(myadd,(2,4,6,8,10))
print(sum)
```

本例中映射函数是 myadd()，用于计算两个参数的和。因为映射函数只有一个参数，所以

map()函数中只有一个序列参数。程序的运行过程如下：

（1）reduce()函数首先使用 2 和 4 为参数调用 myadd()函数，得到结果 6。

（2）使用结果 6 和序列的第 3 个元素 6 为参数调用 myadd()函数，得到结果 12。

（3）使用结果 12 和序列的第 4 个元素 8 为参数调用 myadd()函数，得到结果 20。

（4）使用结果 20 和序列的第 5 个元素 10 为参数调用 myadd()函数，得到结果 30。

运行结果为 30。

6.2.5 zip()函数

zip()函数以一系列列表作为参数，将列表中对应的元素打包成一个个元组，然后返回由这些元组组成的列表。

【例 6-8】 使用 zip ()函数的例子。

```
a = [1,2,3]
b = [4,5,6]
zipped = zip(a,b)
for element in zipped:
    print(element)
```

程序使用 zip()函数将列表 a 和列表 b 对应位置的元素打包成元组，然后返回由这些元组组成的列表到 zipped。运行结果如下：

```
(1, 4)
(2, 5)
(3, 6)
```

如果传入参数的长度不等，则返回列表的长度和参数中长度最短的列表相同。

【例 6-9】 使用 zip ()函数时传入参数长度不等的例子。

```
a = [1,2,3]
b = [4,5,6,7,8,9]
zipped = zip(a,b)
for element in zipped:
    print(element)
```

与例 6-8 相比，虽然列表 b 多了 3 个元素，但是在调用 zip ()函数时以列表 a（长度最短的列表）的长度为基准进行压缩。运行结果与例 6-8 相同。

将打包结果前面加上操作符*，并以此为参数调用 zip ()函数，可以将打包结果解压。

【例 6-10】 使用 zip ()函数将打包结果解压的例子。

```
a = [1,2,3]
b = [4,5,6]
```

```
zipped = zip(a,b)
unzipped = zip(*zipped)
for element in unzipped:
    print(element)
```

程序使用 zip()函数将列表 a 和列表 b 对应位置的元素打包成元组，然后返回由这些元组组成的列表到 zipped。运行结果如下：

```
(1, 2, 3)
(4, 5, 6)
```

这正是列表 a 和列表 b 的内容。

6.2.6　普通编程方式与函数式编程的对比

本节通过一个实例对比普通编程方式与函数式编程区别，从而直观地理解函数式编程的特点。

【例 6-11】　以普通编程方式计算列表元素中的正数之和。

```
list =[2, -6, 11, -7, 8, 15, -14, -1, 10, -13, 18]
sum = 0
for i in range(len(list)):
    if list [i]>0:
        sum += list [i]
print(sum)
```

运行结果如下：

```
64
```

【例 6-12】　以函数式编程方式实现【例 6-11】的功能。

```
from functools import reduce
list =[2, -6, 11, -7, 8, 15, -14, -1, 10, -13, 18]
sum = filter(lambda x: x>0, list)
s = reduce(lambda x,y: x+y, sum)
print(s)
```

在第 3 行代码中，lambda x: x>0 定义了一个匿名函数，当 x>0 时返回 True，否则返回 False。filter()函数过滤列表 list 中的正数到列表 sum 中。在第 4 行代码中，使用 reduce()函数对列表 sum 中的元素进行累加。然后除以它的长度，从而得到平均数。

相比而言，函数式编程具有如下几个特点。

（1）代码更简单。

（2）数据、操作、返回值都放在一起。

（3）没有循环体，几乎没有临时变量，也就不用劳神去分析程序的流程行尾数据变化过程了。

（4）代码用来描述要做什么，而不是怎么去做。

6.3 闭包和递归函数

本节介绍闭包和递归函数这两个概念。

6.3.1 闭包

在 Python 中，闭包（closure）指函数的嵌套。可以在函数内部定义一个嵌套函数，将嵌套函数视为一个对象，所以可以将嵌套函数作为定义它的函数的返回结果。

【例 6-13】 使用闭包的例子。

```
def func_lib():
    def add(x, y):
        return x+y
    return add        # 返回函数对象


fadd = func_lib()
print(fadd(1, 2))
```

在函数 func_lib()中定义了一个嵌套函数 add()，并作为函数 func_lib()的返回值。

运行结果为 3。

6.3.2 递归函数

递归函数是指直接或间接调用函数本身的函数。

【例 6-14】 使用递归函数计算阶乘。

```
def fact(n):
    if n==1:
        return 1
    return n * fact(n - 1)
print(fact(5))
```

阶乘的计算公式如下：

```
n! = 1 * 2 * 3 * ... * (n-1) * n
```

运行结果为 120。

根据 fact()函数的定义，可以知道 fact(5)等同于

```
5 * fact(4)
```

继续递归，等同于

```
5 * 4 * fact(3)
```

继续递归，等同于

```
5 * 4 * 3 * fact(2)
```

继续递归，等同于

```
5 * 4 * 3 * 2 * fact(1)
```

继续递归，等同于

```
5 * 4 * 3 * 2 * 1
```

6.4　迭代器和生成器

迭代器和生成器也是 Python 函数式编程的重要工具。

6.4.1　迭代器

迭代器是访问序列内元素的一种方式。迭代器对象从序列（列表、元组、字典、集合）的第一个元素开始访问，直到所有的元素都被访问一遍后结束。迭代器不能回退，只能往前进行迭代。

1. iter()函数

使用 iter()函数可以获取序列的迭代器对象，方法如下：

```
迭代器对象 = iter(序列对象)
```

使用 next()函数可以获取迭代器的下一个元素，方法如下：

```
next(迭代器对象)
```

【例 6–15】　使用 iter()函数的例子。

```
list = [111, 222, 333]
it = iter(list)
print(next(it))
print(next(it))
print(next(it))
```

运行结果如下：

```
111
222
```

```
333
```

2. enumerate ()函数

使用 enumerate ()函数可以将列表或元组生成一个有序号的序列。

【例 6-16】 使用 enumerate ()函数的例子。

```
list = [111, 222, 333]
for index , val in enumerate(list):
   print("第%d 个元素是%s" %(index+1, val))
```

运行结果如下：

```
第 1 个元素是 111
第 2 个元素是 222
第 3 个元素是 333
```

6.4.2 生成器

生成器（Generator）是一个特殊的函数，它具有如下特点。

（1）生成器函数都包含一个 yield 语句，当执行到 yield 语句时函数返回。

（2）生成器函数可以记住上一次返回时在函数体中的位置，对生成器函数的下一次调用跳转至该函数中间，而上次调用的所有局部变量都保持不变。

【例 6-17】 使用生成器的例子。

```
def addlist(alist):
    for i in alist:
        yield i + 1
alist = [1, 2, 3, 4]
for x in addlist(alist):
    print(x)
```

addlist()是一个生成器，它会遍历列表参数 alist 中的每一个元素，然后将其加 1，并使用 yield 语句返回。

程序遍历并打印 addlist()的所有返回值。每次调用 addlist()函数都会从上次返回时的位置继续遍历列表参数 alist。运行结果如下：

```
2
3
4
5
```

生成器的返回值有一个__next__()方法，它可以恢复生成器执行，直到下一个 yield 表达式处。

【例 6-18】　使用__next__()方法实现例 6-17 的功能。

```
def addlist(alist):
    for i in alist:
        yield i + 1
alist = [1, 2, 3, 4]
x = addlist(alist)
x= x.__next__()
print(x)
```

习　题

一、选择题

1.（　　）表达式是一种匿名函数，是从数学里的 λ 演算得名的。λ 演算可以用来定义什么是一个可计算函数。

A．lambda　　B．map　　C．filter　　D．zip

2.（　　）函数用于将指定序列中的所有元素作为参数调用指定函数，并将结果构成一个新的序列返回。

A．lambda　　B．map　　C．filter　　D．zip

3.（　　）函数以一系列列表作为参数，将列表中对应的元素打包成一个个元组，然后返回由这些元组组成的列表。

A．lambda　　B．map　　C．filter　　D．zip

4.（　　）函数是指直接或间接调用函数本身的函数。

A．递归　　B．闭包　　C．lambda　　D．匿名

二、填空题

1．________函数用于将指定序列中的所有元素作为参数按一定的规则调用指定函数。函数用于将指定序列中的所有元素作为参数按一定的规则调用指定函数。

2．________是访问序列内元素的一种方式。

3．使用________函数可以将列表或元组生成一个有序号的序列。

三、简答题

1．试述什么是函数式编程。

2．简述函数式编程的优点。

3．简述生成器的特点。

第 2 篇

高级编程技术

第 7 章 I/O 编程

I/O 是 Input/Output 的缩写，即输入/输出接口。I/O 接口的功能是负责实现 CPU 通过系统总线把 I/O 电路和外围设备联系在一起。I/O 编程是一个程序设计语言的基本功能，常用的 I/O 操作包括通过键盘输入数据、在屏幕上打印信息和读写硬盘等。

7.1 输入和显示数据

最基本的 I/O 操作就是通过键盘输入数据和在屏幕上显示数据。本节将介绍如何在 Python 中实现这两个功能。

7.1.1 输入数据

在 Python 中可以使用 input()函数接受用户输入的数据。语法如下：

```
变量 = input( 提示字符串)
```

【例 7–1】 使用 input()函数接受用户输入的数据。

```
name = input("请输入您的姓名: ")
print("=================")
print("您好, "+name)
```

程序使用 input()函数提示用户输入姓名，并将用户输入的姓名字符串赋值到变量 name，最后打印欢迎信息。运行界面如图 7-1 所示。

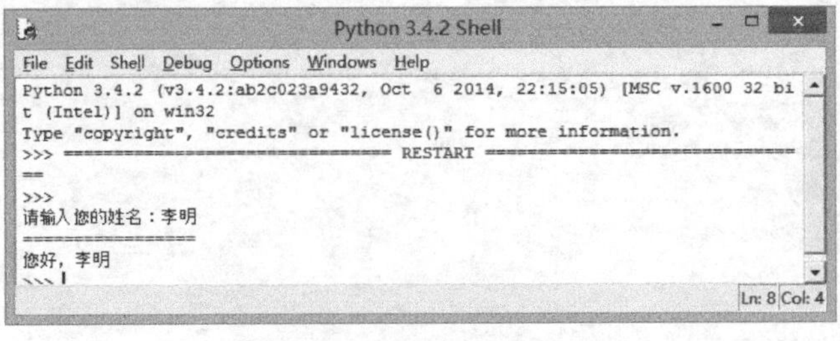

图 7-1 【例 7-1】的运行界面

7.1.2 输出数据

前面已经介绍过使用 print()函数输出数据的基本方法。下面详细介绍一下 print()函数的使用方法。

1. 输出字符串

print()函数最简单的应用就是输出字符串，方法如下：

```
print(字符串常量或字符串变量)
```

关于这种使用方法，前面已经有过很多应用实例了。这里介绍以格式化参数的形式输出字符串的方法。在输出字符串中可以以%s 作为参数，代表后面指定要输出的字符串。具体用法如下：

```
print("…%s…" %(string))
```

输出时，字符串 string 会出现在%s 的位置。

【例 7-2】 以格式化参数的形式输出字符串。

```
name="Python"
print("您好，%s！" %(name))
```

运行结果如下：

```
您好，Python!
```

print()函数的参数列表可以有多个参数，格式如下：

```
print("…%s…%s…" %(string1, string2,…,stringn))
```

输出时 string1, string2,…，string*n* 会出现在对应的%s 位置。

【例 7-3】 在 print()函数中使用多个参数。

```
yourname="小李"
myname="小张"
print("您好，%s！我是%s。" %(yourname,myname))
```

运行结果如下：

```
您好，小李！我是小张。
```

2. 格式化输出整数

print()函数支持以格式化参数的形式输出整数，方法如下：

```
print("…%d…%d…" %(整数 1, 整数 2,…,整数 n))
```

输出时整数 1，整数 2，…，整数 *n* 会出现在对应的%d 位置。

【例 7-4】 使用 print()函数格式化输出整数。

```
i=1
j=2
print("%d+%d=%d" %(i,j,i+j))
```

运行结果如下：

```
1+2=3
```

在 print()函数的格式化参数中，%s 和%d 可以同时使用。

【例 7-5】 在 print()函数的格式化参数中，同时使用%s 和%d。

```
strHello = 'Hello World'
print("the length of (%s) is %d" %(strHello,len(strHello)))
```

运行结果如下：

```
the length of (Hello World) is 11
```

%d 用于输出十进制整数。在格式化参数中可以指定输出十六进制和八进制整数。具体如下：

- %x，用于输出十六进制整数；
- %o，用于输出八进制整数。

【例 7-6】 使用 print()函数输出 255 对应的十六进制和八进制整数。

```
print("255 对应的十六进制整数是%x，对应的八进制整数是%o" %(255,255))
```

运行结果如下：

```
255 对应的十六进制整数是 ff，对应的八进制整数是 377
```

3. 格式化输出浮点数

在 print()函数的格式化参数中，使用%f 输出浮点数。

【例 7-7】 使用 print()函数输出 100 除以 3 的值。

```
print("100.0/3=%f" %(100.0 / 3))
```

运行结果如下：

```
100.0/3=33.333333
```

在%f 中还可以指定浮点数的总长度和小数部分位数，格式如下：

```
%总长度.小数部分位数 f
```

浮点数的总长度包括整数部分、小数点和小数部分的长度之和。如果整数部分、小数点和小数部分的长度之和小于指定的总长度，则输出时会在浮点数前面以空格补齐。

【例 7-8】 使用 print()函数输出 100 除以 3 的值，总长度为 10，小数部分位数为 3。

```
print("100.0/3=%10.3f" %(100.0 / 3))
```

运行结果如下：

```
100.0/3=    33.333
```

因为 33.333 的长度不足 10，所以在输出时前面补了 4 个空格。

4. 换行问题

在使用 print()函数输出数据时，每次调用都会自动打印一个换行符。如果不希望换行，则可以在 print()函数中指定结束符 end 参数为""，例如：

```
print (输出数据, end="")
```

【例 7-9】 演示使用 print()函数输出数据时打印换行符和不打印换行符的例子。

```
for i in range(0,10):
    print(i)
for i in range(0,10):
    print(i, end='')
```

运行结果如下：

```
0
1
2
3
4
5
6
7
8
9
0123456789
```

7.2 文件操作

文件系统是操作系统的重要组成部分，它用于明确磁盘或分区上文件的组织形式和保存方法。在应用程序中，文件是保存数据的重要途径之一。经常需要创建文件保存数据，或从文件中读取数据。本节介绍在 Python 中读写文件的方法。

7.2.1 打开文件

在读写文件之前，需要打开文件。调用 open()函数可以打开指定文件，语法如下：

```
文件对象 = open(文件名,访问模式,buffering)
```

参数文件名用于指定要打开的文件，通常需要包含路径，可以是绝对路径，也可以是相对路径。参数访问模式用于指定打开文件的模式，可取值如表 7-1 所示。

表 7-1 访问模式参数的可取值

可取值	含义
'r'	以只读方式打开
'w'	以覆盖写方式打开，此时文件内容会被清空。如果文件不存在则会创建新文件
'a'	以追加写的模式打开，从文件末尾开始，如果文件不存在则会创建新文件
'r+'	以读写模式打开
'w+'	以读写模式打开
'a+'	以追加的读写模式打开
'rb'	以二进制读模式打开
'wb'	以二进制写模式打开
'ab'	以二进制追加模式打开
'rb+'	以二进制读写模式打开
'wb+'	以二进制读写模式打开
'ab+'	以二进制读写模式打开

整型参数 buffering 是可选参数，用于指定访问文件所采用的缓冲方式。如果 buffering=0，则不缓冲；如果 buffering=1，则表示只缓冲一行数据；如果 buffering 大于 1，则使用给定值作为缓冲区大小。

提示　也可以使用 file()函数打开文件，file()函数和 open()函数的用法完全相同。

打开文件只是访问文件的准备工作，open()函数的具体使用方法将在稍后结合读写文件的实例一起介绍。

7.2.2 关闭文件

打开文件后，可以对文件进行读写操作。操作完成后，应该调用 close()函数关闭文件，释放文件资源。具体方法如下：

```
f = open(文件名,访问模式,buffering)
使用对象 f 进行读写操作…
f.close()
```

7.2.3 读取文件内容

Python 提供了一组与读取文件内容有关的方法。

1. read()方法

可以使用 read()方法读取文件内容，具体方法如下：

```
str = f.read([b])
```

相关说明如下。

- f：是读取内容的文件对象。
- b：可选参数，指定读取的字符数。如果不指定，则读取全部内容。
- 读取的内容返回到字符串 str 中。

【例 7-10】 使用 read()方法读取文件内容的例子。在本实例同目录下创建一个 test.txt 文件，编辑其内容如下：

```
Hello Python
使用 read()方法读取文件内容的例子
```

读取文件内容的代码如下：

```
f = open("test.txt")          #打开文件,返回一个文件对象
str = f.read()                #调用文件的 read()方法方法读取文件内容
f.close()                     #关闭文件
print(str)
```

【例 7-11】 使用 read()方法读取文件内容的例子。每次读取 10 个字符。读取的文件是【例 7-10】中创建的 test.txt 文件。

读取文件内容的代码如下：

```
f = open("test.txt")                #打开文件,返回一个文件对象
while True:                         #循环读取
    chunk = f.read(10)              #每次读取 10 个字符到 chunk
    if not chunk:                   #如果没有读取到内容，则退出循环
        break
    print(chunk)                    #打印 chunk
f.close()                           #关闭文件
```

运行结果如下：

```
Hello Pyth
on
使用 read(
)方法读取文件内容的
```

```
例子
```

输出的每一行就是每次调用 read()方法读取的内容。

2. readlines()方法

可以使用 readlines()方法读取文件中的所有行，具体方法如下：

```
list= f.readreadlines()
```

相关说明如下。

- f：是读取内容的文件对象。
- 读取的内容返回到字符串列表 list 中。

【例 7-12】 使用 readlines()方法读取文件内容的例子。读取的文件是【例 7-10】中创建的 test.txt 文件。读取文件内容的代码如下：

```
f = open("test.txt")                #打开文件,返回一个文件对象
list= f. readlines()                #调用文件的 readlines()方法方法读取文件内容
f.close()                           #关闭文件
print(list)
```

运行结果如下：

```
['Hello Python\n', '使用 read()方法读取文件内容的例子\n']
```

3. readline()方法

readlines()方法一次性读取文件中的所有行，如果文件很大，就会占用大量的内存空间，读取的过程也会较长。使用 readline()方法可以逐行读取文件的内容，具体方法如下：

```
str= f.readline()
```

相关说明如下。

- f：是读取内容的文件对象。
- 读取的内容返回到字符串 str 中。

【例 7-13】 使用 readline()方法读取文件内容的例子。读取的文件是【例 7-10】中创建的 test.txt 文件。读取文件内容的代码如下：

```
f = open("test.txt")                #打开文件,返回一个文件对象
while True:                         #循环读取
    chunk = f.readline()            #每次读取一行
    if not chunk:                   #如果没有读取到内容，则退出循环
        break
    print(chunk)                    #打印 chunk
f.close()                           #关闭文件
```

运行结果如下：

```
Hello Python
使用 read()方法读取文件内容的例子
```

读入的结果会带有换行符，如'\n'，因为 print()函数会自动输出换行，所以打印结果里会包含空行。如果不希望看到这种情况只需要过滤掉每行数据行尾的换行符即可。

4. 使用 in 关键字

可以使用 in 关键字遍历文件中的所有行，方法如下：

```
for line in 文件对象:
    处理行数据 line
```

【例 7-14】 使用 in 关键字方法读取文件内容的例子。读取的文件是【例 7-10】中创建的 test.txt 文件。读取文件内容的代码如下：

```
f = open("test.txt")             #打开文件,返回一个文件对象
for line in f:
    print(line)                  #打印 line
f.close()                        #关闭文件
```

7.2.4 写入文件

本节介绍向文件中写入数据的方法。

1. write()方法

可以使用 write ()方法向文件中写入内容，具体方法如下：

```
f. write(写入的内容)
```

参数 f 是写入内容的文件对象。

【例 7-15】 使用 write()方法写入文件内容的例子。

```
fname = input("请输入文件名: ")
f = open(fname, 'w')             #打开文件,返回一个文件对象
content = input("请输入写入的内容: ")
f.write (content)
f.close()                        #关闭文件
```

程序首先使用 input()函数要求用户输入要写入的文件名，然后调用 open()函数以写入方式打开用户输入的文件。再次使用 input()函数要求用户输入写入的内容。最后调用 write()方法写入文件内容，并调用 close()方法关闭文件。

例如，输入文件名为 test.txt，写入的内容为 Hello Python，运行结果如图 7-2 所示。

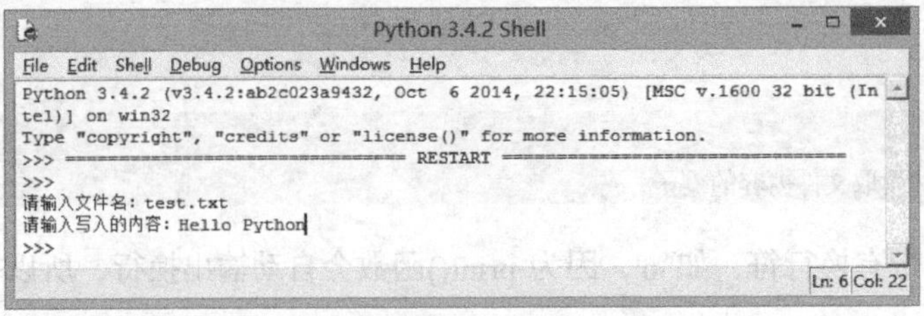

图 7-2 【例 7-15】的运行界面

运行后，会在脚本同目录下创建一个 test.txt 文件，其内容为 Hello Python。

2. 追加写入

以 w 为参数调用 open()方法时，如果写入文件，则会覆盖文件原有的内容。如果希望在文件中追加内容，则可以 a 或 a+为参数调用 open()方法打开文件。

【例 7-16】 追加写入文件内容的例子。

```
fname = input("请输入文件名：")
f = open(fname, 'w')              #打开文件,返回一个文件对象
content = input("请输入写入的内容：")
f.write (content)
f.close()                         #关闭文件
f = open(fname, 'a')              #以追加模式打开文件,返回一个文件对象
f.write ("这是追加写入的内容，原文件内容应该被保留")
f.close()                         #关闭文件
```

在第一次写入文件内容并关闭文件后，再次以追加模式打开文件，写入“这是追加写入的内容，原文件内容应该被保留”字符串。执行后，打开创建的文件，确认输入的内容还在文件中，并且后面有追加的内容。

3. writelines()方法

可以使用 writelines()方法向文件中写入字符串序列，具体方法如下：

```
f.writelines(seq)
```

参数 f 是写入内容的文件对象，参数 seq 是一个返回字符串的序列（列表、元组、集合、字典等）。注意，写入时每一个序列元素后面不会被追加换行符。

【例 7-17】 使用 writelines()方法写入文件内容的例子。

```
menulist = ['红烧肉', '熘肝尖', '西红柿炒鸡蛋', '油焖大虾']
fname = input("请输入文件名：")
f = open(fname, 'w')              #打开文件,返回一个文件对象
f. writelines(menulist)           #向文件中写入列表 menulist 的内容
f.close()                         #关闭文件
```

7.2.5 文件指针

文件指针是指向一个文件的指针变量，用于标识当前读写文件的位置，通过文件指针就可对它所指的文件进行各种操作。

1. 获取文件指针的位置

使用 tell()方法可以获取文件指针的位置，具体方法如下：

```
pos = 文件对象.tell()
```

tell()方法返回一个整数，表示文件指针的位置。打开一个文件时，文件指针的位置为 0。当读写文件时，文件指针的位置会前移至读写的最后位置。

【例 7-18】 使用 tell()方法获取文件指针位置的例子。

```
f = open('test.txt','w') #以写入方式打开文件
print(f.tell())         # 输出 0
f.write('hello')        #写入一个长为 5 的字符串[0-4]
print(f.tell())         #输出 5
f.write('Python')       #写入一个长为 6 的字符串[5-10]
print (f.tell())        #输出 11
f.close()               #关闭文件，为重新测试读取文件时文件指针的位置做准备
f = open('test.txt','r')#以只读方式打开文件
str= f.read(5)          #读取 5 个字节的字符串[0-4]
print (f.tell())        #输出 5
f.close()               #关闭文件，为重新测试读取文件时文件指针的位置做准备
```

输出结果如下：

```
0
5
11
5
```

请参照注释理解。

2. 移动文件指针

除了通过读写文件操作自动移动文件指针，还可以使用 seek()方法手动移动文件指针的位置，具体方法如下：

```
文件对象.seek(offset,where)
```

参数说明如下。

- offset：移动的偏移量，单位为字节。等于正数时向文件尾方向移动，等于负数时向文件头方向移动文件指针。
- where：指定从何处开始移动。等于 0 时从起始位置移动，等于 1 时从当前位置移动，等

于 2 时从结束位置移动。

【例 7-19】 使用 seek()方法移动文件指针的例子。

```
f = open('test.txt','w+')          # 以读写模式打开文件
print(f.tell())                    # 打印文件指针，0
f.write('Hello')                   #写入一个长为 5 的字符串[0-4]
print(f.tell())                    #打印文件指针，5
f.seek(0,0)                        # 移动文件指针至开始
print(f.tell())                    #打印文件指针，0
str = f.readline()
print(str)                         #打印读取的文件数据'Hello'
f.close()                          #关闭文件
```

输出结果如下：

```
0
5
0
Hello
```

请参照注释理解。当使用 write()方法向文件中写入数据时，文件指针被自动移至 5，然后调用 f.seek(0,0)方法可以将文件指针移至文件头，再调用 f.readline()方法就是从头读取了。

7.2.6 截断文件

可以使用 truncate()方法从文件头开始截取文件，具体方法如下：

```
文件对象.truncate(size)
```

参数 size 指定要截取的文件大小，单位为字节，size 字节后面的文件内容将被丢弃掉。

【例 7-20】 使用 truncate ()方法截取文件指针的例子。

```
f = open('test.txt','w')           # 以写模式打开文件
f.write('Hello Python')            # 写入一个字符串
f.truncate(5)     #截断文件
```

程序首先以写模式打开 test.txt 文件，然后向文件中写入一个字符串“Hello Python”。最后调用 f.truncate(5)方法截断文件，值保留 5 个字节。执行程序后，文件 test.txt 中的内容应该为 Hello，因为后面的内容被截取了。

7.2.7 文件属性

使用 os 模块的 stat()函数可以获取文件的创建时间、修改时间、访问时间、文件大小等文件属性，语法如下：

```
文件属性元组名 = os.stat(文件路径)
```

【例 7-21】　打印指定文件的属性信息。

```
import os
fileStats = os.stat('test.txt')                    #获取文件/目录的状态
print(fileStats)
```

运行结果如下：

```
os.stat_result(st_mode=33206, st_ino=844424930239689, st_dev=577729078, st_nlink=1,
st_uid=0,    st_gid=0,    st_size=5,    st_atime=1418516842,    st_mtime=1418533930,
st_ctime=1418516842)
```

返回的文件属性元组元素的含义如表 7-2 所示。

表 7-2　os.stat()返回的文件属性元组元素的含义

索引	含义
0	权限模式
1	inode number，记录文件的存储位置。inode 是指在许多“类 UNIX 文件系统”中的一种数据结构。每个 inode 保存了文件系统中的一个文件系统对象（包括文件、目录、设备文件、socket、管道等）的元信息数据，但不包括数据内容或者文件名
2	存储文件的设备编号
3	文件的链连接数量。硬链接是 Linux 中的概念，指为文件创建的额外条目。使用时，与文件没有区别；删除时，只会删除链接，不会删除文件
4	文件所有者的用户 ID（user id）
5	文件所有者的用户组 ID（group id）
6	文件大小，单位为字节
7	最近访问的时间
8	最近修改的时间
9	创建的时间

可以使用索引访问返回的文件属性元组元素。在 stat 模块中定义了文件属性元组索引对应的常量，其中常用的常量如表 7-3 所示。

表 7-3　stat 模块中定义的文件属性元组索引对应的常用常量

索引	常量
0	stat.ST_MODE
6	stat.ST_SIZE
7	stat.ST_MTIME
8	stat.ST_ATIME
9	stat.ST_CTIME

【例 7-22】　打印指定文件的属性信息。

```
import os, stat
fileStats = os.stat('test.txt')                    #获取文件/目录的状态
print(fileStats[stat.ST_SIZE])
```

```
print(fileStats[stat.ST_MTIME])
print(fileStats[stat.ST_ATIME])
print(fileStats[stat.ST_CTIME])
```

运行结果如下：

```
5
1418533932
1419091200
1419127464
```

可以看到，stat()函数返回的文件时间都是一个长整数。可以使用 time 模块的 ctime()函数将它们转换成可读的时间字符串。

【例 7-23】 打印指定文件的创建时间。

```
import os, stat, time
fileStats = os.stat('test.txt')                    #获取文件/目录的状态
print( time.ctime(fileStats[stat.ST_CTIME]))
```

7.2.8 复制文件

使用 shutil 模块的 copy()函数可以复制文件，函数原型如下：

```
copy(src, dst)
```

copy()函数的功能是将从源文件 src 复制为 dst。

【例 7-24】 编写程序，将 C:\Python34\LICENSE.txt 复制到 D:\，代码如下：

```
import shutil
shutil.copy("C:\\Python34\\LICENSE.txt", "D:\\LICENSE.txt")
```

7.2.9 移动文件

使用 shutil 模块的 move()函数可以移动文件，函数原型如下：

```
move(src, dst)
```

move()函数的功能是将源文件 src 移动到 dst 中去。

【例 7-25】 编写程序，将 C:\Python34\LICENSE.txt 移动到 D:\，代码如下：

```
import shutil
shutil.move("C:\\Python34\\LICENSE.txt", "D:\\)
```

7.2.10 删除文件

使用 os 模块的 remove()函数可以删除文件，函数原型如下：

```
os.remove(src)
```

src 指定要删除的文件。

【例 7-26】　编写程序，删除 D:\ LICENSE.txt，代码如下：

```
import os
os.remove("D:\\LICENSE.txt")
```

7.2.11　重命名文件

使用 os 模块的 rename()函数可以重命名文件，函数原型如下：

```
os. rename(原文件名, 新文件名)
```

【例 7-27】　编写程序，将 C:\Python34\LICENSE.txt 重命名为 LICENSE1.txt，代码如下：

```
import os
os.rename("C:\\Python34\\LICENSE.txt", "C:\\Python34\\LICENSE1.txt")
```

7.3　目录编程

目录，也称为文件夹，是文件系统中用于组织和管理文件的逻辑对象。在应用程序中常见的目录操作包括创建目录、删除目录、获取当前目录和获取目录内容等。

7.3.1　获取当前目录

使用 os 模块的 getcwd()函数可以获取当前目录，函数原型如下：

```
os.getcwd()
```

【例 7-28】　编写程序，打印当前目录，代码如下：

```
import os
print(os.getcwd())
```

7.3.2　获取目录内容

使用 os 模块的 listdir()函数可以获得指定目录中的内容。其原型如下：

```
os.listdir(path)
```

参数 path 指定要获得内容目录的路径。

【例 7-29】　编写程序，打印目录 C:\Python34 的内容，代码如下：、

```
import os
print(os.listdir("C:\\Python34"))
```

运行结果如下：

```
['DLLs', 'Doc', 'include', 'Lib', 'libs', 'LICENSE1.txt', 'NEWS.txt', 'python.exe', 'pythonw.exe', 'pywin32-wininst.log', 'README.txt', 'Removepywin32.exe', 'Scripts', 'tcl', 'Tools']
```

7.3.3 创建目录

使用 os 模块的 mkdir()函数可以创建目录。其原型如下：

```
os.mkdir(path)
```

参数 path 指定要创建的目录。

【例 7–30】 编写程序，创建目录 C:\mydir，代码如下：

```
import os
os.mkdir("C:\\ mydir")
```

7.3.4 删除目录

使用 os 模块的 rmdir()函数可以删除目录。其原型如下：

```
os.rmdir(path)
```

参数 path 指定要删除的目录。

【例 7–31】 编写程序，删除目录 C:\mydir，代码如下：

```
import os
os.rmdir("C:\\ mydir")
```

习 题

一、选择题

1. 可以使用（　　）函数接受用户输入的数据。

A. accept()　　B. input()　　C. readline()　　D. login()

2. 在 print()函数的输出字符串中可以将（　　）作为参数，代表后面指定要输出的字符串。

A. %d　　B. %c　　C. %s　　D. %t

3. 调用 open()函数可以打开指定文件，在 open()函数中访问模式参数使用（　　）表示只读。

A. 'a'　　B. 'w+'　　C. 'r'　　D. 'w'

二、填空题

1. I/O是______/______的缩写，即输入输出接口。

2. 打开文件后，可以对文件进行读写操作。操作完成后，应该调用______()方法关闭文件，释放文件资源。

3. 可以使用______()方法读取文件中的所有行。

4. 调用______()方法可以获取文件指针的位置。

5. 使用______模块的copy()函数复制文件。

6. 使用os模块的______()函数可以获取当前目录。

三、简答题

简述什么是文件指针。

第8章 图形界面编程

前面介绍的 Python 程序都只能输出字符串和数值，这显然不能满足实际应用的需求。Python 提供了一些用于图形界面编程的模块，包括 tkinter 模块、wxWidgets 模块、easygui 模块和 wxpython 模块。由于篇幅所限，本章以 tkinter 为例介绍一些使用 Python 工具包进行图形界面编程的方法。

8.1 常用 tkinter 组件的使用

tkinter 模块是 Python 的标准 Tk GUI 工具包的接口，它可以在大多数的 UNIX 平台下使用，也可以应用在 Windows 和 Macintosh 系统里。使用 tkinter 模块可以开发出具有友好用户界面的应用程序。本节介绍使用 tkinter 模块开发图形用户界面的应用程序的方法，介绍一些常用的 tkinter 组件。

8.1.1 弹出消息框

弹出消息框是图形界面编程最基本的功能。使用 tkinter.messagebox 模块可以实现此功能。首先需要引入 tkinter.messagebox 模块，具体如下：

```
from tkinter.messagebox import *
```

1. 弹出提示消息框

使用 showinfo()函数可以弹出提示消息框，方法如下：

```
showinfo(title=标题,message=内容)
```

【例 8-1】 弹出一个提示消息框，代码如下：

```
from tkinter.messagebox import *
showinfo(title='提示',message='欢迎光临')
```

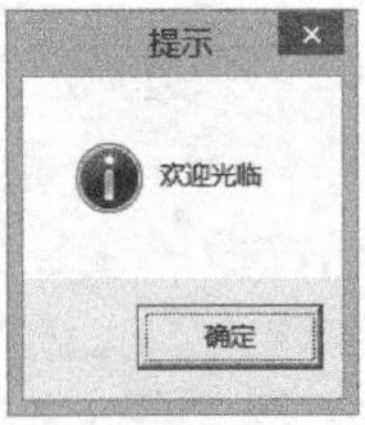

图 8-1 提示消息框

运行程序会弹出如图 8-1 所示的消息框。消息框左侧有一个信息图标。

2. 弹出警告消息框

使用 showwarning()函数可以弹出警告消息框，方法如下：

```
showwarning(title=标题,message=内容)
```

【例 8-2】 弹出一个警告消息框，代码如下：

```
from tkinter.messagebox import *
showwarning(title='提示',message='请输入密码')
```

运行程序会弹出如图 8-2 所示的消息框。消息框左侧有一个警告图标。

3. 弹出错误消息框

使用 showerror()函数可以弹出错误消息消息框，方法如下：

```
showerror(title=标题,message=内容)
```

【例 8-3】 弹出一个错误消息消息框，代码如下：

```
from tkinter.messagebox import *
showerror(title='提示',message='密码错误')
```

运行程序会弹出如图 8-3 所示的消息框。消息框左侧有一个错误图标。

图 8-2 警告消息框

图 8-3 错误消息框

4. 弹出疑问消息框

使用 askquestion ()函数可以弹出一个包含“是”和“否”按钮的疑问消息框，方法如下：

```
askquestion (title=标题,message=内容)
```

如果用户单击“是” 按钮，则 askquestion()函数返回 YES（即字符串'yes'），如果用户单击“否” 按钮，则 askquestion ()函数返回 NO（即字符串'no'）。

【例 8-4】 弹出一个疑问消息框，代码如下：

```
from tkinter.messagebox import *
ret=askquestion (title='请确认',message='是否删除此用户？')
if ret==YES:
    showinfo(title='提示',message='已删除')
```

运行程序会弹出如图 8-4 所示的消息框。消息框左侧有一个疑问图标。如果用户单击“是”按钮，则弹出如图 8-5 所示的消息框。

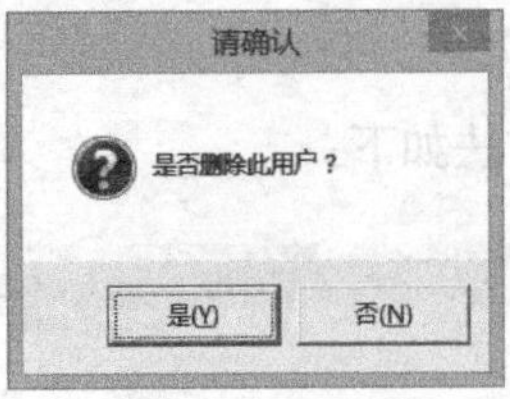

图 8-4　疑问消息框

图 8-5　单击“是”按钮弹出的消息框

也可以使用 askyesnocancel()函数弹出一个包含“是”和“否”按钮的疑问消息框，方法如下：

```
askyesnocancel(title=标题,message=内容)
```

与 askquestion()函数不同的是，如果用户单击“是”按钮，则 askyesnocancel()函数返回 True，如果用户单击“否”按钮，则 askyesnocancel()函数返回 False。

【例 8–5】　使用 askyesnocancel()函数弹出一个疑问消息框，代码如下：

```
from tkinter.messagebox import *
ret=askyesno(title='请确认',message='是否删除此用户？')
if ret==True:
    showinfo(title='提示',message='删除')
```

程序运行结果与【例 8-4】一样。

5. 弹出带“确定”和“取消”按钮的疑问消息框

使用 askokcancel()函数可以弹出一个包含“确定”和“取消”按钮的疑问消息框，方法如下：

```
askokcancel(title=标题,message=内容)
```

如果用户单击“确定”按钮，则 askokcancel()函数返回 True，如果用户单击“取消”按钮，则 askokcancel()函数返回 False。

【例 8–6】　弹出一个带“确定”和“取消”按钮的疑问消息框，代码如下：

```
from tkinter.messagebox import *
ret=askokcancel(title='请确认',message='是否确定继续？')
if ret==True:
    showinfo(title='提示',message='继续')
```

运行程序会弹出如图 8-6 所示的消息框。消息框左侧有一个疑问图标。如果用户单击“确定”按钮，则弹出如图 8-7 所示的消息框。

图 8-6　带“确定”和“取消”的疑问消息框

图 8-7　单击“确定”按钮弹出的消息框

6. 弹出带“重试”和“取消”按钮的疑问消息框

使用askretrycancel()函数可以弹出一个包含“重试”和“取消”按钮的疑问消息框，方法如下：

```
askretrycancel(title=标题,message=内容)
```

如果用户单击“重试”按钮，则askretrycancel()函数返回True，如果用户单击“取消”按钮，则askretrycancel()函数返回False。

【例8-7】　弹出一个带“重试”和“取消”按钮的警告消息框，代码如下：

```
from tkinter.messagebox import *
ret=askokcancel(title='请确认',message='是否确定继续？')
if ret==True:
    showinfo(title='提示',message='重试')
```

运行程序会弹出如图8-8所示的消息框，消息框左侧有一个警告图标。如果用户单击“确定”按钮，则弹出如图8-9所示的消息框。

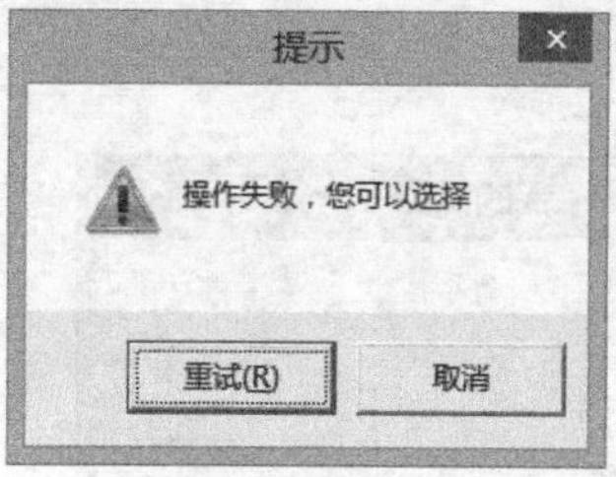

图8-8　带“重试”和“取消”按钮的警告消息框

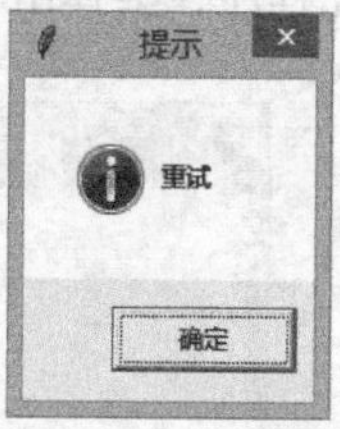

图8-9　单击“重试”按钮弹出的消息框

8.1.2　创建Windows窗口

使用tkinter模块可以很方便地创建Windows窗口。具体方法如下。

1. 导入tkinter模块

在开发图形用户界面应用程序之前首先应该导入tkinter模块，代码如下：

```
from tkinter import *
```

2. 创建窗口对象

可以使用下面的方法创建一个Windows窗口对象：

```
窗口对象 = Tk()
```

3. 显示Windows窗口

在创建Windows窗口对象win后，可以使用下面的代码显示Windows窗口：

```
窗口对象.mainloop()
```

mainloop()方法的功能是进入窗口的主循环，也就是显示窗口。

【例 8–8】 显示一个 Windows 窗口，代码如下：

```
from tkinter import *
win = Tk()
win.mainloop()
```

运行此程序，会弹出一个如图 8-10 所示的窗口。

4. 设置窗口标题

在创建 Windows 窗口对象后，可以使用 title()方法设置窗口的标题，方法如下：

```
窗口对象.title(标题字符串)
```

【例 8–9】 显示一个 Windows 窗口，标题为“我的窗口”，代码如下：

```
from tkinter import *
win = Tk()
win.title("我的窗口")
win.mainloop()
```

运行此程序，会弹出一个如图 8-11 所示的窗口。

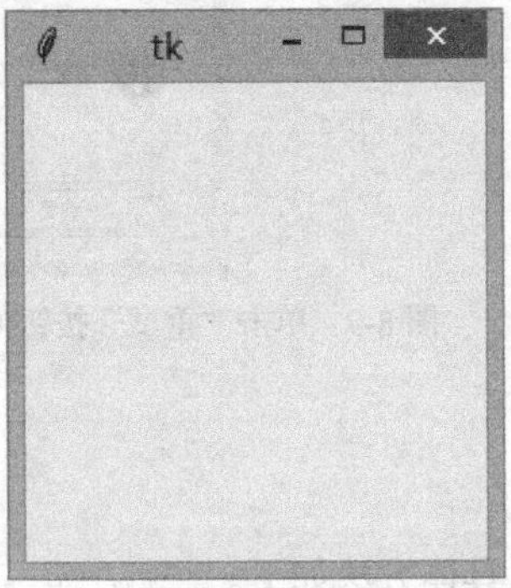

图 8-10 使用 Tkinter 模块显示窗口

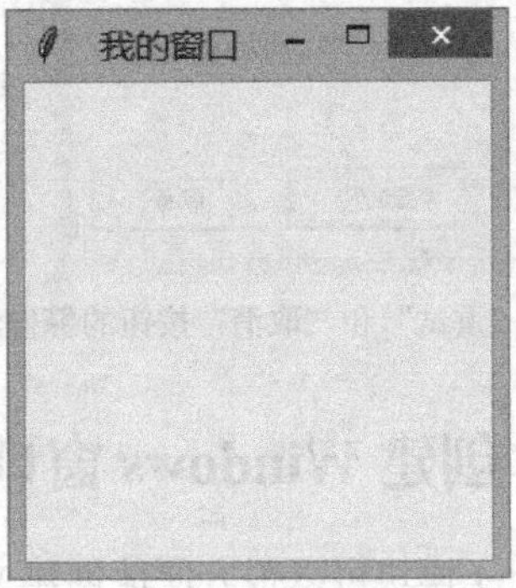

图 8-11 设置窗口标题

5. 设置窗口大小

在创建 Windows 窗口对象后，可以使用 geometry()方法设置窗口的大小，方法如下：

```
窗口对象.geometry(size)
```

参数 size 用于指定窗口大小，格式如下：

```
宽度 x 高度
```

注意，这里 x 不是乘号，而是字母 x。

【例 8–10】 显示一个 Windows 窗口，初始大小为 800×600，代码如下：

```
from tkinter import *
win = Tk()
win. geometry("800x600")
```

```
win.mainloop()
```

运行此程序，会弹出一个初始大小为 800×600 的窗口。

还可以使用 minsize()方法设置窗口的最小大小，方法如下：

```
窗口对象. minsize(最小宽度, 最小高度)
窗口对象. maxsize (最大宽度, 最大高度)
```

【例 8-11】 显示一个 Windows 窗口，初始大小为 800×600，最小大小为 400×300，最大大小为 1440×900，代码如下：

```
from tkinter import *
win = Tk()
win.geometry("800x600")
win.minsize(400,300)
win.maxsize(1440,900)
win.mainloop()
```

8.1.3 Label 组件

Label 组件用于在窗口中显示文本或位图。

1. 创建和显示 Label 对象

创建 Label 对象的基本方法如下：

```
Label 对象 = Label(tkinter Windows 窗口对象,text = Label 组件显示的文本)
```

显示 Label 对象的方法如下：

```
Label 对象.pack()
```

【例 8-12】 使用 Label 组件的简单例子。

```
from tkinter import *
win = Tk() #创建窗口对象
win.title("我的窗口")#设置窗口标题

l = Label(win,text = '我是 Label 组件')#创建 Label 组件
l.pack()#显示 Label 组件
win.mainloop()
```

运行此程序，会弹出一个如图 8-12 所示的窗口。

图 8-12 设置窗口标题

2. 使用 Label 组件显示图片

除了显示文本，还可以使用 bitmap 属性在 Label 组件中显示位图。可选值如表 8-1 所示。

表 8-1　bitmap 属性的可选值

值	具体描述
error	显示错误图标
hourglass	显示沙漏图标
info	显示信息图标
questhead	显示疑问头像图标
question	显示疑问图标
warning	显示警告图标
gray12	显示灰度背景图标
gray25	显示灰度背景图标
gray50	显示灰度背景图标
gray75	显示灰度背景图标

【例 8-13】　使用 Label 组件显示位图的例子。

```
from tkinter import *
win = Tk() #创建窗口对象
win.title("我的窗口")#设置窗口标题

l1 = Label(win,bitmap = 'error')# 显示错误图标
l1.pack()#显示 Label 组件
l2 = Label(win,bitmap = 'hourglass')# 显示沙漏图标
l2.pack()#显示 Label 组件
l3 = Label(win,bitmap = 'info')# 显示信息图标
l3.pack()#显示 Label 组件
l4 = Label(win,bitmap = 'questhead')# 显示信息图标
l4.pack()#显示 Label 组件
l5 = Label(win,bitmap = 'question')# 显示疑问图标
l5.pack()#显示 Label 组件
l6 = Label(win,bitmap = 'warning')# 显示警告图标
l6.pack()#显示 Label 组件
l7 = Label(win,bitmap = 'gray12')# 显示灰度背景图标 gray12
l7.pack()#显示 Label 组件
l8 = Label(win,bitmap = 'gray25')# 显示灰度背景图标 gray25
l8.pack()#显示 Label 组件
l9 = Label(win,bitmap = 'gray50')# 显示灰度背景图标 gray50
l9.pack()#显示 Label 组件
l10 = Label(win,bitmap = 'gray75')# 显示灰度背景图标 gray75
l10.pack()#显示 Label 组件
win.mainloop()
```

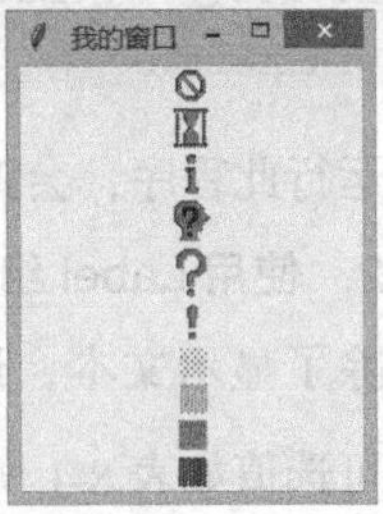

图 8-13　设置窗口标题

运行此程序，会弹出一个如图 8-13 所示的窗口。

内置的位图都是灰度图，显示效果不佳。可以使用 image 属性和

bm 属性显示自定义图片，方法如下：

```
bm = PhotoImage(file = 文件名)
label = Label(窗口对象,image = bm)
label.bm = bm
```

【例 8-14】　使用 Label 组件显示自定义图片。

```
from tkinter import *
win = Tk() #创建窗口对象
win.title("我的窗口")#设置窗口标题

bm = PhotoImage(file = 'C:\Python34\Lib\idlelib\Icons\idle_48.png')
label = Label(win,image = bm)
label.bm = bm
label.pack()#显示 Label 组件
win.mainloop()
```

运行此程序，会弹出一个如图 8-14 所示的窗口。C:\Python34\Lib\idlelib\Icons\idle_48.png 是 IDLE 的图标。

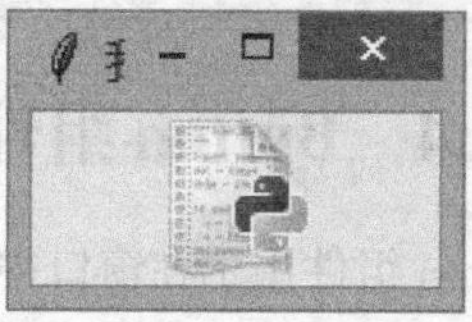

图 8-14　使用 Label 组件显示自定义图片

3. 设置 Label 组件的颜色

fg 属性用于设置组件的前景色，bg 属性用于设置组件的背景色。

可以使用颜色字符串来表示颜色，如'RED'表示红色，'BLUE'表示蓝色，'GREEN'表示绿色等。

【例 8-15】　设置 Label 组件的前景色和背景色。

```
from tkinter import *
win = Tk() #创建窗口对象
label = Label(win, fg = 'red',bg = 'blue', text='有颜色的字符串')
label.pack()#显示 Label 组件
win.mainloop()
```

除了前面介绍的内容，其他常用的 Lable 组件属性如表 8-2 所示。

表 8-2　其他常用的 Lable 组件属性

属性	说明
width	宽度
height	高度
compound	指定文本与图像如何在 Label 上显示，缺省为 None；当指定 image/bitmap 时，文本(text)将被覆盖，只显示图像。可以使用的值如下： ● left：图像居左 ● right：图像居右

续表

属性	说明
compound	● top：图像居上 ● bottom：图像居下 ● center：文字覆盖在图像上
wraplength	指定多少单位后开始换行，用于多行显示文本
justify	指定多行的对齐方式，可以使用的值为 LEFT（左对齐）或 RIGHT（右对齐）
ahchor	指定文本（text）或图像（bitmap/image）在 Label 中的显示位置。可用值如下： ● e，垂直居中，水平居右 ● w，垂直居中，水平居左 ● n，垂直居上，水平居中 ● s，垂直居下，水平居中 ● ne，垂直居上，水平居右 ● se，垂直居下，水平居中 ● sw，垂直居下，水平居左 ● nw，垂直居上，水平居左 ● center 垂直居中，水平居中

8.1.4 Button 组件

Button 组件用于在窗口中显示按钮，按钮上可以显示文字或图像。

1．创建和显示 Button 对象

创建 Button 对象的基本方法如下：

```
Button 对象 = Button (tkinter Windows 窗口对象,text = Button 组件显示的文本, command=单击按钮所调用的对象)
```

显示 Button 对象的方法如下：

```
Button 对象.pack()
```

【例 8-16】 使用 Button 组件的简单例子。

```
from tkinter import *
from tkinter.messagebox import *

def CallBack():
  showinfo(title='',message='点我干嘛')
win = Tk() #创建窗口对象
win.title("使用 Button 组件的简单例子")#设置窗口标题
b = Button (win,text = '点我啊', command=CallBack)#创建 Button 组件
b.pack()#显示 Button 组件
win.mainloop()
```

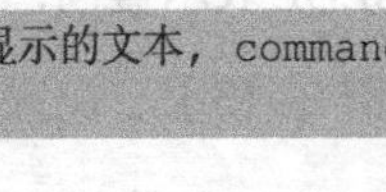

图 8-15 【例 8-16】的运行结果

运行此程序，会弹出一个如图 8-15 所示的窗口。单击按钮

会调用 CallBack()函数，弹出一个消息框。

2. 使用 Button 组件显示图片

除了显示文本，还可以使用 image 属性和 bm 属性显示自定义图片，方法如下：

```
bm = PhotoImage(file = 文件名)
b = Button (win,text = 'Button 组件显示的文本', command=单击按钮所调用的对象,image = bm)#创建Button 组件
b.bm = bm
```

【例 8-17】 使用 Button 组件显示自定义图片。

```
from tkinter import *
from tkinter.messagebox import *

def CallBack():
   showinfo(title='',message='点我干嘛')
win = Tk() #创建窗口对象
win.title("使用 Button 组件的简单例子")#设置窗口标题
bm = PhotoImage(file = 'C:\Python34\Lib\idlelib\Icons\idle_48.png')
b = Button (win,text = '点我啊', command=CallBack,image = bm)#创建 Button 组件
b.bm = bm
b.pack()#显示 Button 组件
win.mainloop()
```

运行此程序，会弹出一个如图 8-16 所示的窗口。C:\Python34\Lib\idlelib\Icons\idle_48.png 是 IDLE 的图标。

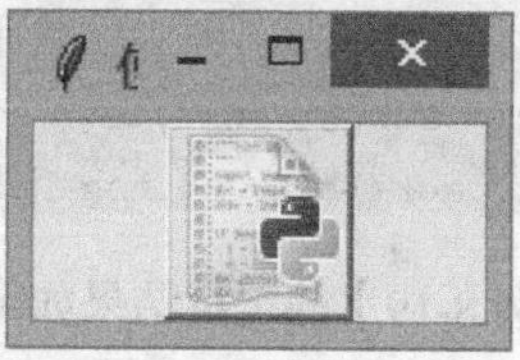

图 8-16 使用 Button 组件显示自定义图片

3. 设置 Button 组件的大小

width 属性用于设置组件的宽度，height 属性用于设置组件的高度。

【例 8-18】 设置 Button 组件的大小。

```
from tkinter import *
from tkinter.messagebox import *

def CallBack():
   showinfo(title='',message='点我干嘛')
win = Tk() #创建窗口对象
b = Button (win,text = '点我啊', command=CallBack, width=100, height=50)#创建 Button 组件
b.pack()#显示 Button 组件
```

【例 8-18】的运行结果如图 8-17 所示。除了前面介绍的内容，其他常用的 Button 组件属性如表 8-3 所示。

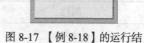

图 8-17 【例 8-18】的运行结果

表 8-3　其他常用的 Button 组件属性

属性	说明
bitmap	指定按钮上显示的位图
compound	指定文本与图像如何在 Label 上显示，缺省为 None。当指定 image/bitmap 时，文本(text)将被覆盖，只显示图像。可以使用的值如下 ● left：图像居左 ● right：图像居右 ● top：图像居上 ● bottom：图像居下 ● center：文字覆盖在图像上
wraplength	指定多少单位后开始换行，用于多行显示文本
bg	设置背景颜色
fg	设置前景颜色
state	设置组件状态。可以取值为正常（NORMAL）、激活（ACTIVE）和禁用（DISABLED）
bd	设置按钮的边框大小，缺省为 1 个或 2 个像素

【例 8–19】　设置 Button 组件的边框大小和状态。

```
from tkinter import *
from tkinter.messagebox import *
win = Tk() #创建窗口对象
b1 = Button (win,text = '粗边框的按钮',bd=5)
b1.pack()#显示 Button 组件
b2 = Button (win,text = '不能点击的按钮',state= DISABLED)
b2.pack()#显示 Button 组件
```

【例 8-19】的运行结果如图 8-18 所示。窗口中有两个按钮，一个按钮的边框比较粗，一个按钮被禁用。

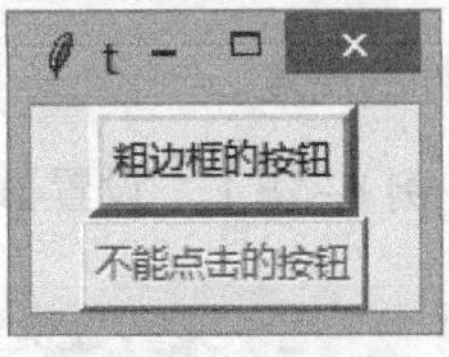

图 8-18 【例 8-19】的运行结果

8.1.5　Canvas 画布组件

Canvas 是一个长方形的面积，它可以定义一个画布，然后在画布中画图。

1. 创建和显示 Canvas 对象

可以使用下面的方法创建一个 Canvas 对象。

```
Canvas 对象 = Canvas (父窗口, 选项, ... )
```

常用的选项如表 8-4 所示。

表 8-4　创建 Canvas 对象时的常用选项

属性	说明
bd	指定画布的边框宽度，单位是像素

续表

属性	说明
bg	指定画布的背景颜色
confine	指定画布在滚动区域外是否可以滚动。默认为 True，表示不能滚动
cursor	指定画布中的鼠标指针，如 arrow, circle, dot
height	指定画布的高度
highlightcolor	选中画布时的背景色
relief	指定画布的边框样式，可选值包括 SUNKEN, RAISED, GROOVE, and RIDGE
scrollregion	指定画布的滚动区域的元组(w, n, e, s)
width	指定画布的宽度

显示 Canvas 对象的方法如下。

```
Canvas 对象.pack()
```

【例 8–20】　创建一个红色背景、宽为 200、高为 100 的 Canvas 画布。

```
from tkinter import *
root = Tk()
cv = Canvas(root, bg = 'red', width = 200, height = 100)
cv.pack()
root.mainloop()
```

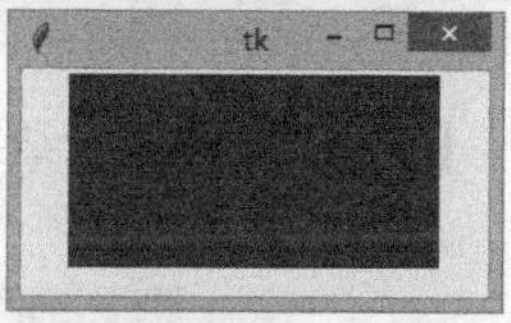

图 8-19 【例 8-20】的运行结果

【例 8-20】的运行结果如图 8-19 所示。

2. 绘制线条

使用 create_line()方法可以创建一个线条对象，具体语法如下：

```
line = canvas.create_line(x0, y0, x1, y1,...,xn, yn, 选项)
```

参数 x0，y0，x1，y1，...，xn，yn 是线段的端点。

常用的选项如表 8-5 所示。

表 8-5　创建矩形对象时的常用选项

属性	说明
width	指定线段的宽度
arrow	指定直线是否使用箭头，可选值如下： ● 'none'，没有箭头 ● 'first'，起点有箭头 ● 'last'，终点有箭头 ● 'both'，两端都有箭头
arrowshape	设置箭头的形状，由 3 个整数构成，分别代表填充长度、箭头长度和箭头宽度。例如，arrowshape = '40 40 10'
fill	指定线段的颜色
dash	指定线段为虚线

【例 8-21】 绘制直线。起点坐标为(10, 10)、终点坐标为(100, 80)。直线宽度为 2，线段为虚线。

```
from tkinter import *
root = Tk()
cv = Canvas(root, bg = 'white', width = 200, height = 100)
cv. create_line(10,10,100,80,width=2, dash=7)
cv.pack()
root.mainloop()
```

【例 8-21】的运行结果如图 8-20 所示。

【例 8-22】 设置连接样式的实例。

```
from tkinter import *
root = Tk()
cv = Canvas(root, bg = 'white', width = 200, height = 100)
cv.create_line(10, 10, 100, 10, arrow='none')
cv.create_line(10, 20, 100, 20, arrow='first')
cv.create_line(10, 30, 100, 30, arrow='last')
cv.create_line(10, 40, 100, 40, arrow='both')
cv.pack()
root.mainloop()
```

【例 8-22】的运行结果如图 8-21 所示。dash 属性的值可以决定虚线的样式。

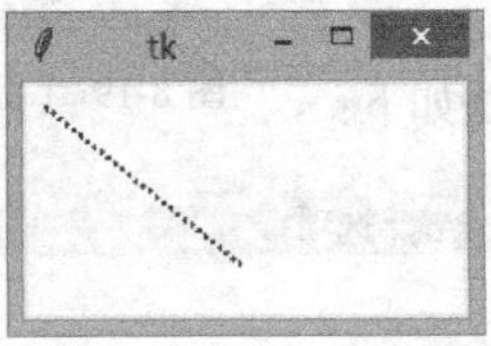

图 8-20 【例 8-21】的运行结果

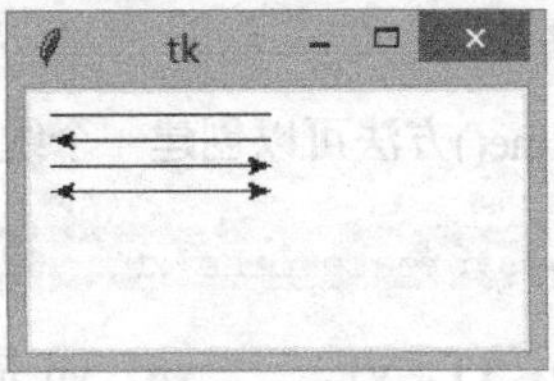

图 8-21 【例 8-22】的运行结果

3. 绘制矩形

使用 create_rectangle()方法可以创建一个矩形对象，具体语法如下：

```
Canvas 对象. create_rectangle(矩形左上角的 x 坐标, 矩形左上角的 y 坐标, 矩形右下角的 x 坐标, 矩形右下角的 y 坐标, 选项, ...)
```

常用的选项如表 8-6 所示。

表 8-6 创建矩形对象时的常用选项

属性	说明
outline	指定边框颜色
fill	指定填充颜色
width	指定边框的宽度
dash	指定边框为虚线
stipple	使用指定自定义画刷填充矩形

【例 8-23】 绘制一个红色填充、蓝色边框的矩形，边框宽度为 2。矩形左上角坐标为（10，10）、右下角坐标为（100，80）。

```
from tkinter import *
root = Tk()
cv = Canvas(root, bg = 'white', width = 200, height = 100)
cv.create_rectangle(10,10,100,80,outline = 'blue', fill = 'red', width=2)
cv.pack()
root.mainloop()
```

【例 8-23】的运行结果如图 8-22 所示。

【例 8–24】 绘制一个边框为虚线的矩形。

```
from tkinter import *
root = Tk()
cv = Canvas(root, bg = 'white', width = 200, height = 100)
cv.create_rectangle(10,10,100,80,outline = 'blue', fill = 'white', width=2, dash=7)
cv.pack()
root.mainloop()
```

【例 8-24】的运行结果如图 8-23 所示。dash 属性的值可以决定虚线的样式。例如，将 dash 设置为 100 时的矩形如图 8-24 所示。

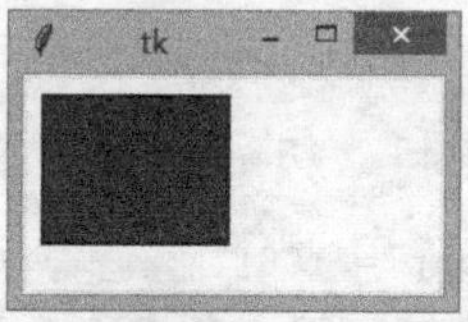

图 8-22 【例 8-23】的运行结果

图 8-23 【例 8-24】的运行结果

【例 8–25】 绘制一个使用自定义画刷填充的矩形。

```
from tkinter import *
root = Tk()
cv = Canvas(root, bg = 'white', width = 200, height = 100)
cv.create_rectangle(10,10,100,80,outline = 'blue', fill = 'red', width=2, stipple
= 'gray12',)
cv.pack()
root.mainloop()
```

【例 8-25】的运行结果如图 8-25 所示。stipple 属性还可以取值 gray25、gray50、gray75 等。

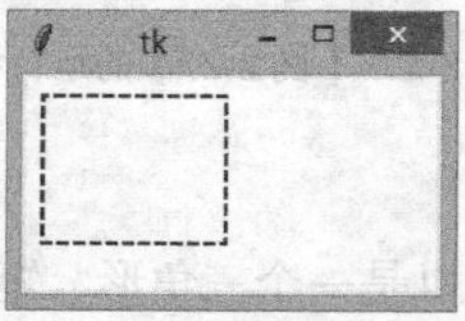

图 8-24 将 dash 设置为 100 时的矩形

图 8-25 【例 8-25】的运行结果

4. 绘制弧

使用 create_arc()方法可以创建一个弧对象，可以是一个和弦、饼图扇区或者一个简单的弧，具体语法如下：

```
Canvas 对象. create_arc(弧外框矩形左上角的 x 坐标，弧外框矩形左上角的 y 坐标，弧外框矩形右下角的 x 坐标，弧外框矩形右下角的 y 坐标，选项，...)
```

常用的选项如表 8-7 所示。

表 8-7 创建弧对象时的常用选项

属性	说明
outline	指定边框颜色
fill	指定填充颜色
width	指定边框的宽度
start	起始弧度
extent	终止弧度

【例 8-26】 绘制一个指定 30 度的弧。

```
from tkinter import *
root = Tk()
cv = Canvas(root, bg = 'white', width = 200, height = 100)
cv.create_arc(10,10,100,80,outline = 'blue', fill = 'red', width=2, start=0, extent =30)
cv.pack()
root.mainloop()
```

【例 8-26】的运行结果如图 8-26 所示。

【例 8-27】 绘制一个圆。

```
inter import *
root = Tk()
cv = Canvas(root, bg = 'white', width = 200, height = 100)
cv.create_arc(10,10,100,100,outline = 'blue', fill = 'red', width=2,start=0, extent =359)
cv.pack()
root.mainloop()
```

【例 8-27】的运行结果如图 8-27 所示。因为 create_arc()方法用来绘制弧，所以起始弧度为 0，且终止弧度为 359 时，就会绘制一个圆（或椭圆），但是在圆（或椭圆）的内部会留有弧的起止线条，如果边框和填充颜色一致，就看不出来。

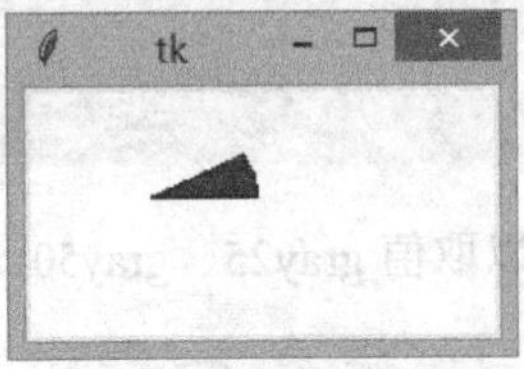

图 8-26 【例 8-26】的运行结果

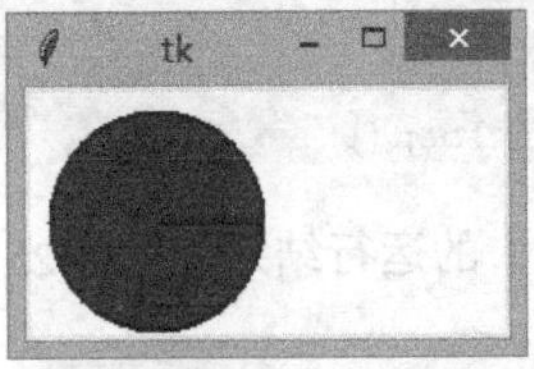

图 8-27 【例 8-27】的运行结果

5. 绘制多边形

使用 create_polygon()方法可以创建一个多边形对象，可以是一个三角形、矩形或者任意一个多边形，具体语法如下：

```
Canvas 对象. create_polygon (顶点 1 的 x 坐标，顶点 1 的 y 坐标，顶点 2 的 x 坐标，顶点 2 的 y 坐
```

```
标，…，顶点 n 的 x 坐标，顶点 n 的 y 坐标，选项，...)
```

常用的选项如表 8-8 所示。

表 8-8　创建多边形对象时的常用选项

属性	说明
outline	指定边框颜色
fill	指定填充颜色
width	指定边框的宽度
smooth	指定多边形的平滑程度。等于 0 表示多边形的边是折线。等于 1 表示多边形的边是平滑曲线

【例 8–28】　绘制一个三角形。

```
from tkinter import *
root = Tk()
cv = Canvas(root, bg = 'white', width = 200, height = 100)
cv.create_polygon (100,5,0,80,200,80, outline = 'blue', fill = 'red', width=2)
cv.pack()
root.mainloop()
```

【例 8-28】的运行结果如图 8-28 所示。

【例 8–29】　绘制一个平滑曲线构成的三角形。

```
tkinter import *
root = Tk()
cv = Canvas(root, bg = 'white', width = 200, height = 100)
cv.create_polygon (100,5,0,80,200,80, outline = 'blue', fill = 'red', width=2,
smooth=1)
cv.pack()
root.mainloop()
```

【例 8-29】的运行结果如图 8-29 所示。

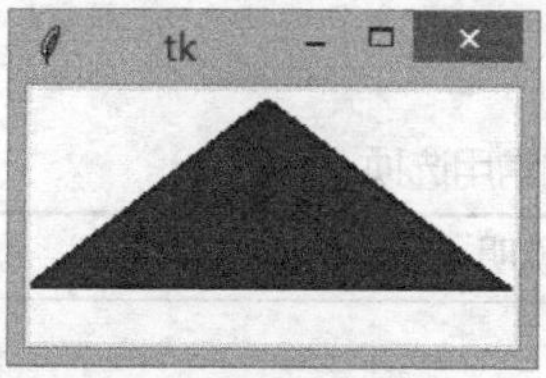

图 8-28 【例 8-28】的运行结果

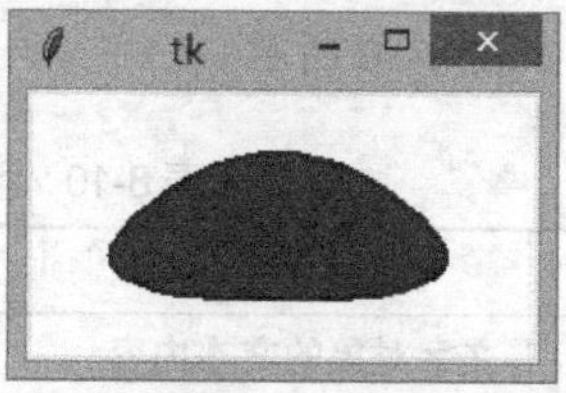

图 8-29 【例 8-29】的运行结果

6. 绘制椭圆

使用 create_oval()方法可以创建一个椭圆对象，具体语法如下：

```
Canvas 对象. create_oval(包裹椭圆的矩形的左上角 x 坐标，包裹椭圆的矩形的左上角 y 坐标，椭圆的长度，椭圆的长度，选项，...)
```

常用的选项如表 8-9 所示。

表 8-9　创建椭圆对象时的常用选项

属性	说明
outline	指定边框颜色
fill	指定填充颜色
width	指定边框的宽度

【例 8–30】　绘制一个长 100、宽 80 的椭圆。

```
from tkinter import *
root = Tk()
cv = Canvas(root, bg = 'white', width = 200, height = 100)
cv.create_oval (10,10,100,50, outline = 'blue', fill = 'red', width=2)
cv.pack()
root.mainloop()
```

【例 8-30】的运行结果如图 8-30 所示。

【例 8–31】　绘制一个半径为 100 的圆形。

```
from tkinter import *
root = Tk()
cv = Canvas(root, bg = 'white', width = 200, height = 100)
cv.create_oval (10,10,100,100, outline = 'blue', fill = 'red', width=2)
cv.pack()
root.mainloop()
```

【例 8-31】的运行结果如图 8-31 所示。

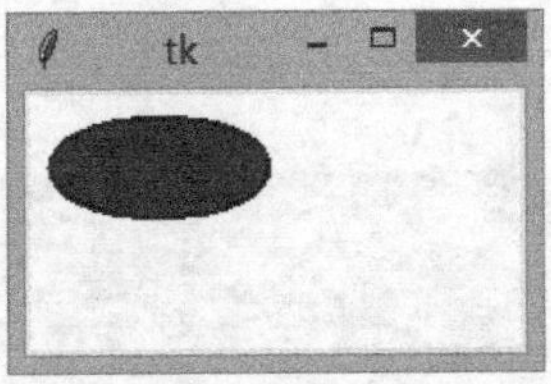

图 8-30 【例 8-30】的运行结果

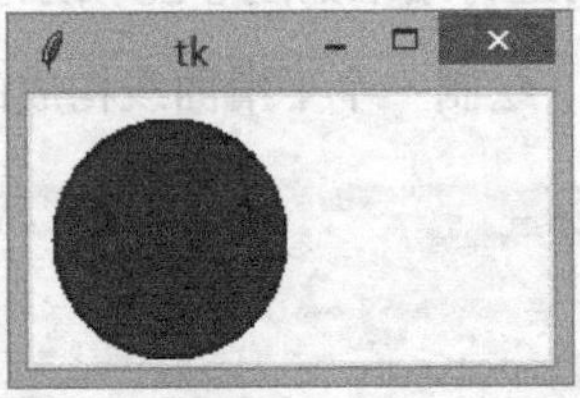

图 8-31 【例 8-31】的运行结果

7. 绘制文字

使用 create_text()方法可以创建一个文字对象，具体语法如下：

```
文字对象 = Canvas 对象.create_text((文本左上角的 x 坐标,文本左上角的 y 坐标), 选项, ...)
```

常用的选项如表 8-10 所示。

表 8-10　创建文字对象时的常用选项

属性	说明
text	文字对象的文本内容
fill	指定文字颜色
anchor	控制文字对象的位置，'w'表示左对齐，'e'表示右对齐，'n'表示顶对齐，'s'表示底对齐，'nw'表示左上对齐, 'sw'表示左下对齐, 'se'表示右下对齐, 'ne'表示右上对齐, 'center'表示居中对齐。默认值为'center'
justify	设置文字对象中文本的对齐方式。'left'表示左对齐，'right'表示右对齐，'center'表示居中对齐。默认值为'center'

【例 8-32】　绘制一段文字。

```
from tkinter import *
root = Tk()
cv = Canvas(root, bg = 'white', width = 200, height = 100)
cv.create_text((10,10), text = 'Hello Python', fill = 'red', anchor='nw')
cv.create_text((10,20), text = 你好, Python! ', fill = 'blue', anchor='se')
cv.pack()
root.mainloop()
```

图 8-32 【例 8-32】的运行结果

【例 8-32】的运行结果如图 8-32 所示。

使用 select_from()方法和 select_to()方法可以选择文字对象的一部分。select_from()方法用于指定选中文本的起始位置，具体用法如下：

```
Canvas 对象. select_from(文字对象, 选中文本的起始位置)
```

select_to()方法用于指定选中文本的结束位置，具体用法如下：

```
Canvas 对象. select_from(文字对象, 选中文本的结束位置)
```

【例 8-33】　选中文字的例子。

```
from tkinter import *
root = Tk()
cv = Canvas(root, bg = 'white', width = 200, height = 100)
txt = cv.create_text((10,10), text = 'Hello Python', fill = 'red', anchor='nw')
# 设置文本的选中起始位置
cv.select_from(txt,6)

# 设置文本的选中结束位置
cv.select_to(txt,11)
cv.pack()
root.mainloop()
```

图 8-33 【例 8-33】的运行结果

【例 8-33】的运行结果如图 8-33 所示。

8. 绘制图像

使用 create_bitmap()方法可以绘制 Python 内置的位图，具体方法如下：

```
Canvas 对象. create_bitmap((位图左上角的 x 坐标, 位图左上角的 y 坐标),bitmap =位图字符串)
```

位图字符串的可选值与表 8-1 相同，可以参照理解。

【例 8-34】　绘制 4 个 Python 内置的位图。

```
from tkinter import *
root = Tk()
```

```
cv = Canvas(root, bg = 'white', width = 200, height = 100)
d = {1:'error',2:'info',3:'question',4:'hourglass'}
for  in d:
   cv.create_bitmap((20*i,20*i),bitmap = d[i])
cv.pack()
root.mainloop()
```

【例 8-34】的运行结果如图 8-34 所示。

使用 create_image()方法可以绘制指定的图像文件，具体方法如下：

```
Canvas 对象.create_image((图像左上角的 x 坐标，图像左上角的 y 坐标), image = img)
```

img 是 PhotoImage 对象，可以通过下面的方法创建一个 PhotoImage 对象。

```
img = PhotoImage(file = 图像文件)
```

【例 8–35】 在窗口中绘制 Python 图标。

```
from tkinter import *
root = Tk()
cv = Canvas(root, bg = 'white', width = 200, height = 100)
img = PhotoImage(file = ' C:\\Python34\\Lib\\idlelib\\Icons\\python.gif')
cv.create_bitmap((80,20*i), image = img)
cv.pack()
root.mainloop()
```

【例 8-35】的运行结果如图 8-35 所示。

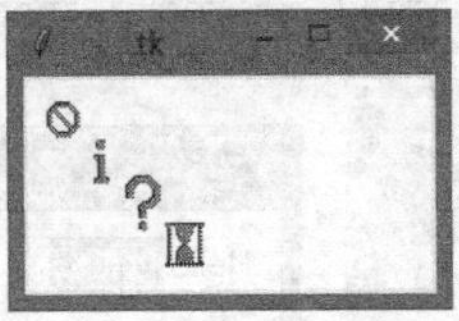

图 8-34 【例 8-34】的运行结果

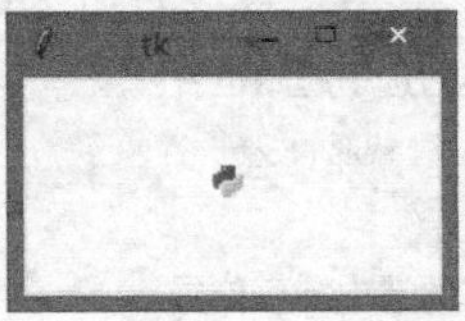

图 8-35 【例 8-35】的运行结果

9. 修改图形对象的坐标

使用 coords()方法可以修改图形对象的坐标，具体方法如下：

```
Canvas 对象.coords(图形对象，(图形左上角的 x 坐标，图形左上角的 y 坐标，图形右下角的 x 坐标，图形右下角的 y 坐标))
```

因为可以同时修改图形对象的左上角坐标和右下角坐标，所以在移动图形对象的同时也可以拉抻图形对象。

【例 8–36】 修改一个矩形对象的坐标。

```
from tkinter import *
root = Tk()
# 创建一个 Canvas，设置其背景色为白色
```

```
cv = Canvas(root, bg = 'white', width = 200, height = 100)
rt= cv.create_rectangle(10,10,110,110,outline='red',stipple='gray12',fill='green')
cv.pack()
# 重新设置 rt 的坐标
cv.coords(rt,(40,40,200,100))
root.mainloop()
```

如果没有 cv.coords()语句，则【例 8-36】的运行结果如图 8-36 所示。使用 cv.coords()语句后的运行结果如图 8-37 所示。

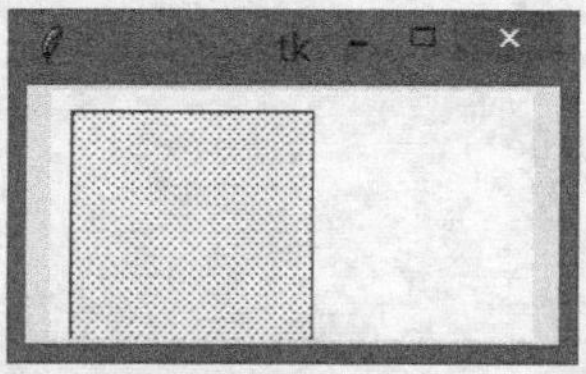

图 8-36　没有 cv.coords()语句时【例 8-36】的运行结果

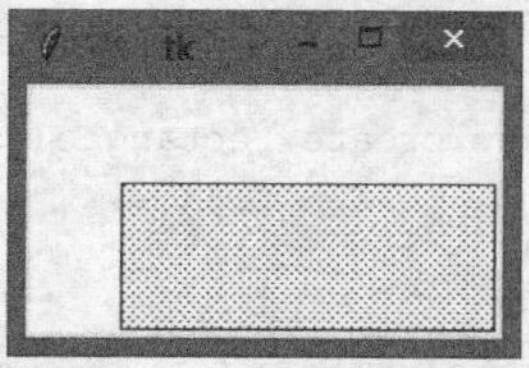

图 8-37　使用 cv.coords()语句后【例 8-36】的运行结果

10. 移动指定图形对象

使用 move()方法可以修改图形对象的坐标，具体方法如下：

```
Canvas 对象. move（图形对象, x 坐标偏移量, y 坐标偏移量）
```

【例 8–37】　移动一个矩形对象。

```
from tkinter import *
root = Tk()
# 创建一个 Canvas，设置其背景色为白色
cv = Canvas(root, bg = 'white', width = 200, height = 100)
rt1 = cv.create_rectangle(10,10,110,110,outline='red',stipple='gray12',fill='green')
cv.pack()
rt2 = cv.create_rectangle(10,10,110,110,outline='blue')

# 移动 rt1
cv.move(rt1,20,-10)
cv.pack()
root.mainloop()
```

为了对比移动图形对象的效果，程序在同一位置绘制了两个矩形 rt1（有背景花纹）和 rt2（没有背景），然后调用 move()函数移动 rt1，则【例 8-37】的运行结果如图 8-38 所示。

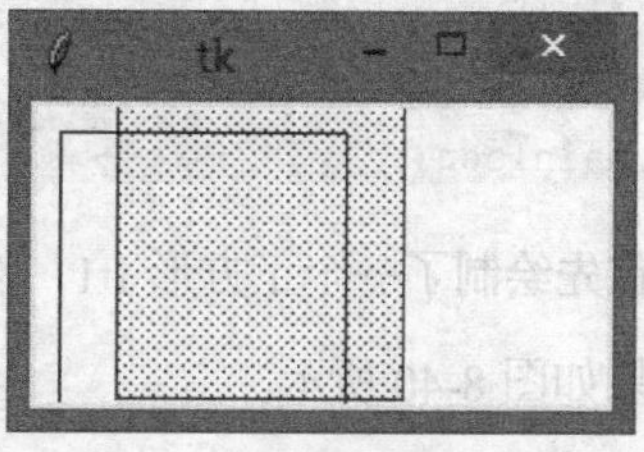

图 8-38　没有 cv.coords()语句时【例 8-37】的运行结果

可以看到，矩形 rt1 被移动了。

11. 删除图形对象

使用 delete ()方法可以删除图形对象，具体方法如下：

```
Canvas 对象.delete(图形对象)
```

【例 8-38】 删除一个矩形对象。

```
from tkinter import *
root = Tk()
# 创建一个 Canvas，设置其背景色为白色
cv = Canvas(root, bg = 'white', width = 200, height = 100)
rt1     =     cv.create_rectangle(10,10,110,110,outline='red',stipple='gray12',
fill='green')
cv.pack()
rt2 = cv.create_rectangle(10,10,110,110,outline='blue')

# 删除 rt1
cv.delete(rt1)
cv.pack()
root.mainloop()
```

为了对比删除图形对象的效果，程序在同一位置绘制了两个矩形 rt1（有背景花纹）和 rt2（没有背景），然后调用 delete ()函数删除 rt1，则【例 8-38】的运行结果如图 8-39 所示。

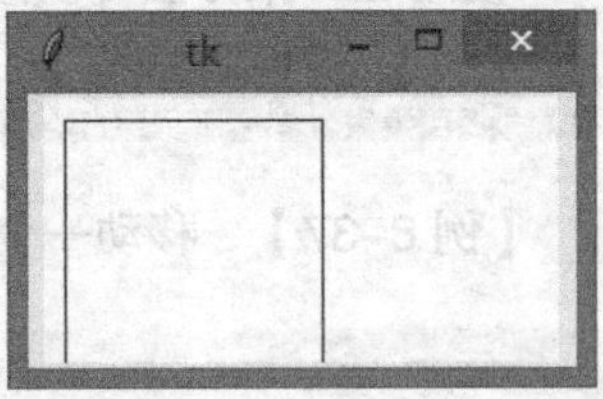

图 8-39 【例 8-38】的运行结果

可以看到，只有一个矩形显示在窗口中，矩形 rt1 被删除了。

12. 缩放图形对象

使用 scale()方法可以缩放图形对象，具体方法如下：

```
Canvas 对象.scale(图形对象, x 轴偏移量,y 轴偏移量,x 轴缩放比例,y 轴缩放比例)
```

【例 8-39】 缩放一个矩形对象。

```
from tkinter import *
root = Tk()
# 创建一个 Canvas，设置其背景色为白色
cv = Canvas(root, bg = 'white', width = 200, height = 300)
rt1     =     cv.create_rectangle(10,10,110,110,outline='red',stipple='gray12',
fill='green')
cv.scale(rt1,0,0,1,2)
cv.pack()
root.mainloop()
```

程序首先绘制了一个正方形 rt1，然后调用 scale ()方法缩放 rt1，将高放大 2 倍，【例 8-39】的运行结果如图 8-40 所示。

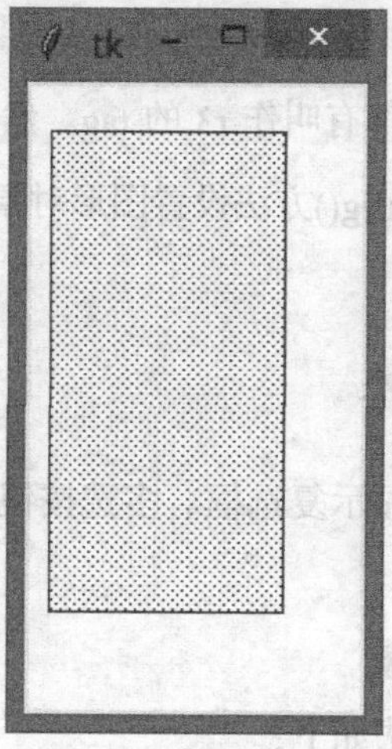

图 8-40 【例 8-39】的运行结果

13. 为图形对象指定标记（tag）

在创建图形对象时可以使用属性 tags 设置图形对象的标记（tag），例如：

```
rt = cv.create_rectangle(10,10,110,110, tags = 'r1')
```

上面的语句指定矩形对象 rt 具有一个 tag r1。

也可以同时设置多个标记（tag），例如：

```
rt = cv.create_rectangle(10,10,110,110, tags = ('r1','r2','r3'))
```

那么，指定 tag 有什么用呢？使用 find_withtag()方法可以获取到指定 tag 的图形对象，然后设置图形对象的属性。find_withtag()方法的语法如下：

```
Canvas 对象.find_withtag(tag 名)
```

find_withtag()方法返回一个图形对象数组，其中包含所有具有 tag 名的图形对象。

使用 find_withtag()方法可以设置图形对象的属性，语法如下：

```
Canvas 对象. find_withtag(图形对象, 属性 1=值 1, 属性 2=值 2...... )
```

【例 8-40】　使用属性 tags 设置图形对象标记的例子。

```
from tkinter import *
root = Tk()
# 创建一个 Canvas，设置其背景色为白色
cv = Canvas(root, bg = 'white', width = 200, height = 200)
# 使用 tags 指定一个 tag('r1')
rt = cv.create_rectangle(10,10,110,110, tags = ('r1','r2','r3'))
cv.pack()
cv.create_rectangle(20,20,80,80, tags = 'r3')
# 将所有与 tag('r3')绑定的 item 边框颜色设置为蓝色
for item in cv.find_withtag('r3'):
```

```
cv.itemconfig(item,outline = 'blue')
```

程序首先绘制了两个矩形，它们都有叫作 r3 的 tag。然后调用 find_withtag()方法返回所有标记为 r3 的图形对象，再调用 itemconfig()方法设置图形对象的边框为蓝色，【例 8-40】的运行结果如图 8-41 所示。

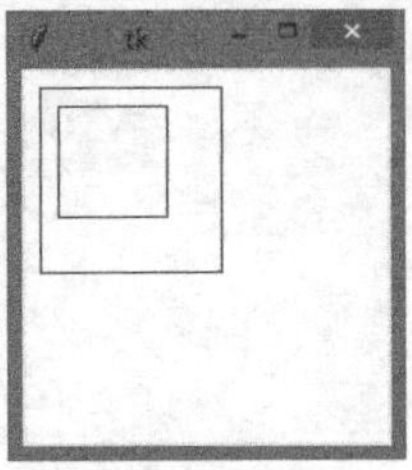

图 8-41 【例 8-40】的运行结果

8.1.6 Checkbutton 组件

Checkbutton 组件用于在窗口中显示复选框。多选按钮有选中（On）和未选中（Off）2 种状态。

1. 创建和显示 Checkbutton 对象

创建 Checkbutton 对象的基本方法如下：

```
Checkbutton 对象 = Checkbutton(tkinter Windows 窗口对象,text = Checkbutton 组件显示的文本, command=单击 Checkbutton 按钮所调用的对象)
```

显示 Checkbutton 对象的方法如下：

```
Checkbutton 对象.pack()
```

【例 8–41】 使用 Checkbutton 组件的简单例子。

```
from tkinter import *
from tkinter.messagebox import *

def CallBack():
  showinfo(title='',message='点我干嘛')
win = Tk() #创建窗口对象
win.title("使用 Checkbutton 组件的简单例子")#设置窗口标题
b = Checkbutton (win,text = 'Python Tkinter', command=CallBack)#创建 Checkbutton 组件
b.pack()#显示 Checkbutton 组件
win.mainloop()
```

运行此程序，会弹出一个如图 8-42 所示的窗口。单击按钮会调用 CallBack()函数，弹出一个消息框。

图 8-42 【例 8-41】的运行结果

2. 获取 Checkbutton 组件是否被选中

Checkbutton 组件有 On 和 Off 两个状态值，缺省状态下 On 为 1，Off 为 0。也可以使用 onvalue 设置 Checkbutton 组件被选中时的值，使用 offvalue 设置 Checkbutton 组件被取消选中时

的值，例如：

```
    Checkbutton(thinter windows 窗口对象,text='Checkbutton 组件显示的文本', onvalue='1',
offvalue='0',command=单击 Checkbutton 按钮所调用的对象).pack()
    root.mainloop()
```

为了获取 Checkbutton 组件是否被选中，需要使用 variable 属性为 Checkbutton 组件指定一个对应的变量，例如：

```
    v = StringVar()
    Checkbutton(thinter windows 窗口对象, variable =v, text=' Checkbutton 组件显示的文本',
onvalue='1', offvalue='0', command=单击 Checkbutton 按钮所调用的对象).pack()
    root.mainloop()
```

然后，可以使用 v.get()获取 Checkbutton 组件的选中状态了。也可以使用 v.set()获取 Checkbutton 组件的选中状态。例如，使用下面的语句可以将上面定义的 Checkbutton 组件设置为未选中。

```
    v.set('0')
```

【例 8-42】　使用一个 Button 组件获取 Checkbutton 组件的状态。

```
    from tkinter import *
    root = Tk()
    #将一字符串与 Checkbutton 的值绑定，每次点击 Checkbutton，将打印出当前的值
    v = StringVar()
    def callCheckbutton():
        print(v.get())
    Checkbutton(root,
                variable = v,
                text = 'checkbutton value',
                onvalue = 'python',         #设置 On 的值
                offvalue = 'tkinter',    #设置 Off 的值
                command = callCheckbutton).pack()
    b = Button (root,text = '获取 Checkbutton 状态', command=callCheckbutton, width=20)#
创建 Button 组件
    v.set('python')
    b.pack()#显示 Button 组件
    root.mainloop()
```

程序定义了一个 Button 组件和一个 Checkbutton 组件，使用变量 v 绑定到 Checkbutton 组件。单击 Button 组件，会调用 callCheckbutton()函数，通过 v.get()打印 Checkbutton 组件的状态。

8.1.7　Entry 组件

Entry 组件用于在窗口中输入单行文本。

1. 创建和显示 Entry 对象

创建 Entry 对象的基本方法如下：

```
Entry 对象 = Entry (tkinter Windows 窗口对象)
```

显示 Entry 对象的方法如下：

```
Entry 对象.pack()
```

【例 8–43】 使用 Entry 组件的简单例子。

```
from tkinter import *


win = Tk() #创建窗口对象
win.title("使用 Entry 组件的简单例子")#设置窗口标题
entry = Entry (win)#创建 Entry 组件
entry.pack()#显示 Entry 组件
win.mainloop()
```

运行此程序，会弹出一个如图 8-43 所示的窗口。

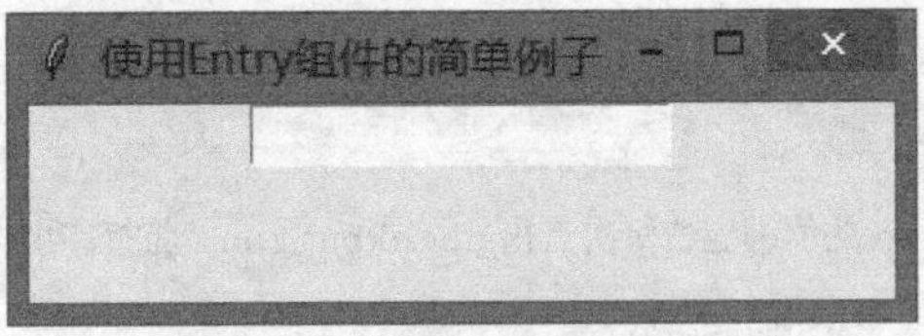

图 8-43 【例 8-43】的运行结果

2. 获取 Entry 组件的内容

为了获取 Entry 组件的内容，需要使用 textvariable 属性为 Entry 组件指定一个对应的变量，例如：

```
e = StringVar()
Entry(thinter windows 窗口对象, textvariable =e).pack()
窗口对象.mainloop()
```

然后可以使用 e.get()获取 Entry 组件的选中内容，也可以使用 e.set()获取 Entry 组件的内容。

【例 8–44】 使用一个 Button 组件获取 Entry 组件的内容。

```
from tkinter import *
root = Tk()
#将一字符串与 Entry 的值绑定
e = StringVar()
def callbutton():
    print(e.get())
root.title("使用 Entry 组件的简单例子")#设置窗口标题
entry = Entry (root, textvariable = e).pack()
```

```
    b = Button (root,text = '获取 Entry 组件的内容', command=callbutton, width=20)#创建
Button 组件
    e.set('python')
    b.pack()#显示 Button 组件
    root.mainloop()
```

程序定义了一个 Button 组件和一个 Entry 组件，使用变量 e 绑定到 Entry 组件。单击 Button 组件，会调用 callbutton()函数，通过 v.get()打印 Entry 组件的状态。

8.1.8 Frame 组件

Frame 组件是框架控件，用于在屏幕上显示一个矩形区域，作为显示其他组件的容器。

1. 创建和显示 Frame 对象

创建 Frame 对象的基本方法如下：

```
Frame 对象 = Frame (tkinter Windows 窗口对象, height = 高度,width = 宽度,bg = 背景色)
```

显示 Entry 对象的方法如下：

```
Frame 对象.pack()
```

【例 8-45】　使用 Frame 组件的简单例子。

```
from tkinter import *

win = Tk() #创建窗口对象
win.title("使用 Frame 组件的简单例子")#设置窗口标题
fm = Frame (win, height = 20,width = 400,bg ='green')#创建 Frame 组件
fm.pack()#显示 Frame 组件
win.mainloop()
```

运行此程序，会弹出一个如图 8-44 所示的窗口。

图 8-44 【例 8-45】的运行结果

2. 向 Frame 组件中添加组件

在创建组件时可以指定其容器为 Frame 组件，例如：

```
Label(Frame 对象,text = 'Hello').pack()
```

【例 8-46】　向 Frame 组件中添加一个 Button 组件和一个 Label 组件。

```
from tkinter import *

win = Tk() #创建窗口对象
```

```
win.title("使用 Frame 组件的例子")#设置窗口标题
fm = Frame (win, height= 100,width = 400,bg ='green')#创建 Frame 组件

fm.pack()#显示 Frame 组件
Label(fm,text = 'Hello Python').pack()
Button(fm,text = 'OK').pack()
win.mainloop()
```

3. LabelFrame 组件

LabelFrame 组件是有标题的 Frame 组件，可以使用 text 属性设置 LabelFrame 组件的标题，方法如下：

```
LabelFrame (tkinter Windows 窗口对象, height = 高度,width = 宽度,text = 标题).pack()
```

【例 8–47】　使用带标题 LabelFrame 组件。

```
from tkinter import *

win = Tk() #创建窗口对象
win.title("使用 Frame 组件的例子")#设置窗口标题
fm = LabelFrame(win, height= 100,width = 400, text = 'LabelFrame 组件')#创建 Frame 组件
fm.pack()#显示 LabelFrame 组件

Button(fm,text = 'OK').pack()
win.mainloop()
```

运行结果如图 8-45 所示。

图 8-45 【例 8-47】的运行结果

8.1.9　Listbox 组件

Listbox 组件是一个列表框组件，用于在窗口中显示多个文本项。

1. 创建和显示 Listbox 对象

创建 Listbox 对象的基本方法如下：

```
Listbox 对象 = Listbox (tkinter Windows 窗口对象)
```

显示 Listbox 对象的方法如下：

```
Listbox 对象.pack()
```

可以使用 insert()方法向列表框组件中插入文本项，方法如下：

```
Listbox 对象.insert(index,item)
```

参数说明如下。

- index：插入文本项的位置，如果在尾部插入文本项，则可以使用 END；如果在当前选中处插入文本项：则可以使用 ACTIVE。

- item：插入的文本项。

【例 8-48】 使用 Listbox 组件的简单例子。

```
from tkinter import *
root = Tk()
lb = Listbox(root)
for item in ['北京','天津','上海']:
    lb.insert(END,item)
lb.pack()
root.mainloop()
```

运行此程序，会弹出一个如图 8-46 所示的窗口。

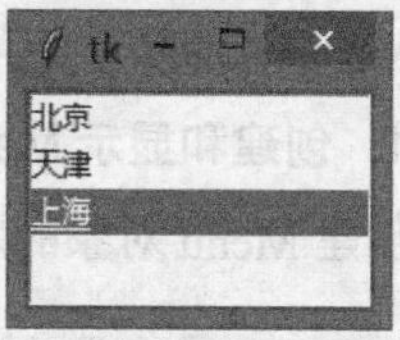

图 8-46 【例 8-48】的运行结果

2. 设置多选的列表框

将 selectmode 属性设置为 MULTIPLE，可以设置多选的列表框。

【例 8-49】 设置多选的列表框。

```
from tkinter import *
root = Tk()
lb = Listbox(root, selectmode = MULTIPLE)
for item in ['北京','天津','上海']:
    lb.insert(END,item)
lb.pack()
root.mainloop()
```

3. 获取 Listbox 组件的内容

为了获取 Listbox 组件的内容，需要使用 listvariable 属性为 Listbox 组件指定一个对应的变量，例如：

```
l = StringVar()
Listbox (thinter windows 窗口对象, listvariable =l).pack()
root.mainloop()
```

以后就可以使用 e.get()获取 Listbox 组件中的内容了。

【例 8-50】 使用一个 Button 组件获取 Listbox 组件的内容。

```
from tkinter import *
root = Tk()
#将一字符串与 Listbox 的值绑定
l = StringVar()
def callbutton():
    print(l.get())
root.title("使用 Entry 组件的简单例子")#设置窗口标题
lb = Listbox(root,  listvariable =l)
for item in ['北京','天津','上海']:
    lb.insert(END,item)
```

```
    lb.pack()
    b = Button (root,text = '获取 Listbox 组件的内容', command=callbutton, width=20)#创建Button 组件
    b.pack()#显示 Button 组件
    root.mainloop()
```

程序定义了一个 Button 组件和一个 Listbox 组件，使用变量 e 绑定到 Listbox 组件。单击 Button 组件，会调用 callbutton()函数，通过 l.get()打印 Listbox 组件的内容。

8.1.10 Menu 组件

Menu 组件是一个菜单组件，用于在窗口中显示菜单条和下拉菜单。

1. 创建和显示 Menu 对象

创建 Menu 对象的基本方法如下：

```
Menu 对象 = Menu(tkinter Windows 窗口对象)
```

将 Menu 对象显示在窗口中的方法如下：

```
tkinter Windows 窗口对象['menu'] = Menu 对象
tkinter Windows 窗口对象.mainloop()
```

可以使用 add_command()方法向 Menu 组件中插入菜单文本项，方法如下：

```
Menu 对象.add_command(label = 菜单文本,command = 菜单命令函数)
```

【例 8-51】 使用 Menu 组件的简单例子。

```
from tkinter import *
root = Tk()

def hello():
    print("I'm a menu")
m = Menu(root)
for item in ['系统','操作','帮助']:
   m.add_command(label =item, command = hello)
root['menu'] = m
root.mainloop()
```

运行此程序，会弹出一个如图 8-47 所示的窗口。

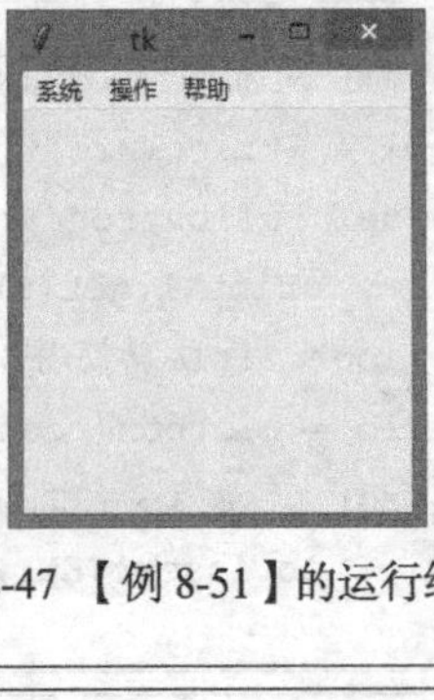

图 8-47 【例 8-51】的运行结果

2. 添加下拉菜单

前面介绍的 Menu 组件只创建了主菜单，默认情况并不包含下拉菜单。可以将一个 Menu 组件作为另一个 Menu 组件的下拉菜单，方法如下：

```
Menu 对象 1.add_cascade(label = 主菜单文本,menu = Menu 对象 2)
```

上面的语句将 Menu 对象 2 设置为 Menu 对象 1 的下拉菜单。在创建 Menu 对象 2 时也要指定它是 Menu 对象 1 的子菜单，方法如下：

```
Menu 对象 2= Menu(Menu 对象 1)
```

【例 8–52】 使用 add_cascade()方法添加下拉菜单。

```
from tkinter import *
def hello():
    print("I'm a menu")
root = Tk()
m = Menu(root)
filemenu = Menu(m)
for item in ['打开','关闭','退出']:
    filemenu.add_command(label =item, command = hello)
m.add_cascade(label ='文件', menu = filemenu)
root['menu'] = m
root.mainloop()
```

运行结果如图 8-48 所示。

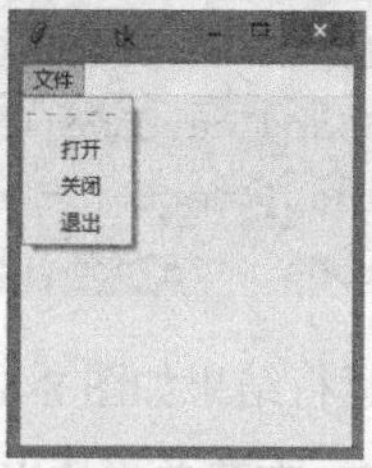

图 8-48 【例 8-52】的运行结果

3. 在菜单中添加复选框

使用 add_checkbutton()方法可以在菜单中添加复选框，方法如下：

```
菜单对象.add_checkbutton(label = 复选框的显示文本,command=
菜单命令函数,variable = 与复选框绑定的变量)
```

【例 8–53】 在文件下拉菜单中添加复选框“自动保存”。

```
from tkinter import *
def hello():
    print(v.get())
root = Tk()
v = StringVar()
m = Menu(root)
filemenu = Menu(m)
for item in ['打开','关闭','退出']:
    filemenu.add_command(label =item, command = hello)
m.add_cascade(label ='文件', menu = filemenu)
filemenu.add_checkbutton(label = '自动保存',command =
hello,variable = v)
root['menu'] = m
root.mainloop()
```

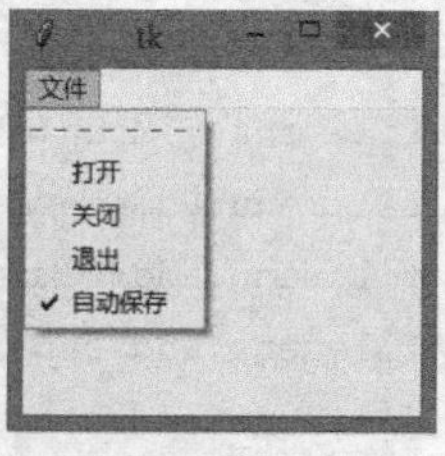

图 8-49 【例 8-53】的运行结果

运行结果如图 8-49 所示。

4. 在菜单中添加单选按钮

使用 add_radiobutton ()方法可以在菜单中添加单选按钮，方法如下：

```
菜单对象.add_radiobutton(label=单选按钮的显示文本,command=菜单命令函数,variable=与单选按钮绑定的变量)
```

【例 8-54】 添加一个"选择语言"下拉菜单，在"选择语言"下拉菜单中添加一组单选按钮，用于选择语言。

```
from tkinter import *
def hello():
    print(v.get())
root = Tk()
v = StringVar()
m = Menu(root)
filemenu = Menu(m)
filemenu.add_command(label ='打开', command = hello)
filemenu.add_command(label ='关闭', command = hello)
filemenu.add_separator()
filemenu.add_command(label ='退出', command = hello)
m.add_cascade(label ='文件', menu = filemenu)
root['menu'] = m
root.mainloop()
```

运行结果如图 8-50 所示。

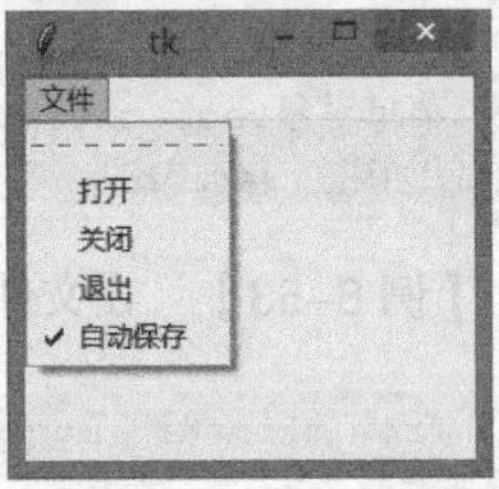

图 8-50 【例 8-54】的运行结果

5. 在菜单中的当前位置添加分隔符

使用 add_separator()方法可以在菜单中添加分隔符，方法如下：

```
菜单对象. add_separator()
```

【例 8-55】 添加一个"文件"下拉菜单，在下拉菜单中"退出"菜单项上面添加添加分隔符。

```
from tkinter import *
def hello():
    print(v.get())
root = Tk()
v = StringVar()
m = Menu(root)
filemenu = Menu(m)
filemenu.add_command(label ='打开', command = hello)
filemenu.add_command(label ='关闭', command = hello)
filemenu.add_separator()
filemenu.add_command(label ='退出', command = hello)
m.add_cascade(label ='文件', menu = filemenu)
root['menu'] = m
```

```
root.mainloop()
```

运行结果如图 8-51 所示。

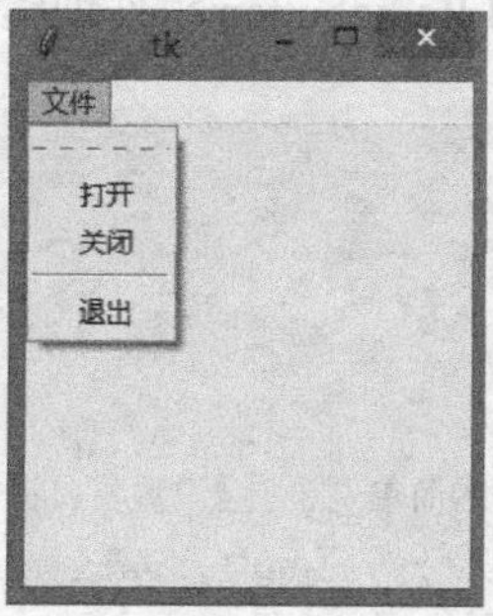

图 8-51 【例 8-55】的运行结果

8.1.11 Radiobutton 组件

Radiobutton 组件用于在窗口中显示单选按钮。同一组单选按钮内只能有一个单选按钮被选中，也就是说，选中一个单选按钮，则组内其他单选按钮会自动被取消选中。

1. 创建和显示 Radiobutton 对象

创建 Radiobutton 对象的基本方法如下：

```
Radiobutton 对象 = Radiobutton (tkinter Windows 窗口对象,text = Radiobutton 组件显示的文本)
```

显示 Radiobutton 对象的方法如下：

```
Radiobutton 对象.pack()
```

【例 8-56】 使用 Radiobutton 组件的简单例子。

```
from tkinter import *

win = Tk() #创建窗口对象
win.title("使用 Radiobutton 组件的简单例子") #设置窗口标题
r1 = Radiobutton(win,text = '男')#创建 Radiobutton 组件
r1.pack()#显示 Radiobutton 组件
r2 = Radiobutton(win,text = '女')#创建 Radiobutton 组件
r2.pack()#显示 Radiobutton 组件
win.mainloop()
```

运行此程序，会弹出一个如图 8-52 所示的窗口。因为没有指定分组，所以两个 Radiobutton 各成一组。

2. 创建 Radiobutton 组

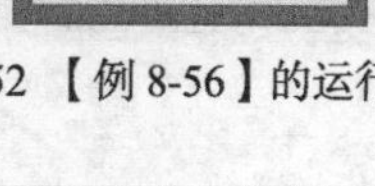

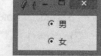

图 8-52 【例 8-56】的运行结果

可以使用 variable 属性为 Radiobutton 组件指定一个对应的变量。如果将多个 Radiobutton 组件绑定到同一个变量，则这些

Radiobutton 组件属于一个分组。分组后需要使用 value 设置每个 Radiobutton 组件的值，以标识该项目是否被选中。

【例 8–57】 为例 8-56 中定义的 Radiobutton 组件创建组。

```
from tkinter import *

win = Tk() #创建窗口对象
v = IntVar()
v.set(1)
win.title("使用 Radiobutton 组件的简单例子") #设置窗口标题
r1 = Radiobutton(win,text = '男', value=1, variable = v)#创建 Radiobutton 组件
r1.pack()#显示 Radiobutton 组件
r2 = Radiobutton(win,text = '女',value=0, variable = v)#创建 Radiobutton 组件
r2.pack()#显示 Radiobutton 组件
win.mainloop()
```

8.1.12 Scale 组件

Scale 组件用于在窗口中以滑块的形式选择一个范围内的数字。可以设置选择的最小数字、最大数字和步距值。

1. 创建和显示 Scale 对象

创建 Scale 对象的基本方法如下：

```
Scale 对象 = Scale (Tkinter Windows 窗口对象,
from_ = 最小值,
to = 500, 最大值,
resolution =步距值,
orient =显示方向)
```

显示 Scale 对象的方法如下：

```
Scale 对象.pack()
```

【例 8–58】 使用 Scale 组件的简单例子。

```
from tkinter import *
root = Tk()
Scale(root,
      from_ = 0, #设置最大值
      to = 100, #设置最小值
      resolution = 1, #设置步距值
      orient = HORIZONTAL #设置水平方向
      ).pack()
root.mainloop()
```

运行此程序，会弹出一个如图 8-53 所示的窗口。

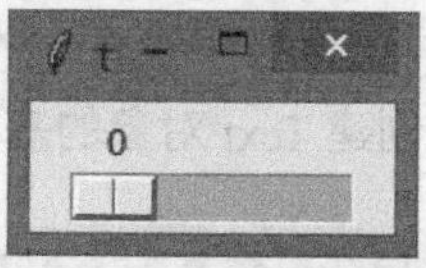

图 8-53 【例 8-58】的运行结果

2. 获取 Scale 组件的值

为了获取 Scale 组件的值，需要使用 variable 属性为 Scale 组件指定一个对应的变量，例如：

```
v = StringVar()
Scale(root,
      from_ = -0, #设置最大值
      to = 100, #设置最小值
      resolution = 1, #设置步距值
      orient = HORIZONTAL, #设置水平方向
      variable  =v
      ).pack()
root.mainloop()
```

以后就可以使用 v.get()获取 Scale 组件的选中状态了。也可以使用 v.set()获取 Scale 组件的值。例如，使用下面的语句可以将上面定义的 Scale 组件的值设置为 50。

```
v.set(50)
```

【例 8-59】 使用一个 Button 组件获取 Scale 组件的状态。

```
from tkinter import *
root = Tk()
v = IntVar()
def callScale():
    print(v.get())

Scale(root,
      from_ = 0, #设置最大值
      to = 100, #设置最小值
      resolution = 1, #设置步距值
      orient = HORIZONTAL, #设置水平方向
      variable = v
      ).pack()
b = Button (root,text = '获取 Scale 状态', command=callScale, width=20)#创建 Button 组件
v.set(50)
b.pack()#显示 Button 组件
```

程序定义了一个 Button 组件和一个 Scale 组件，使用变量 v 绑定到 Scale 组件。单击 Button 组件，会调用 callScale()函数，通过 v.get()打印 callScale 组件的状态。

8.1.13　Text 组件

Text 组件用于在窗口中输入多行文本。

1. 创建和显示 Text 对象

创建 Text 对象的基本方法如下：

```
Text 对象 = Text(tkinter Windows 窗口对象)
```

显示 Text 对象的方法如下：

```
Text 对象.pack()
```

【例 8-60】 使用 Text 组件的简单例子。

```
from tkinter import *


win = Tk() #创建窗口对象
win.title("使用 Text 组件的简单例子")#设置窗口标题
t = Text (win)#创建 Text 组件
t.pack()#显示 Text 组件
win.mainloop()
```

运行此程序，会弹出一个如图 8-54 所示的窗口。

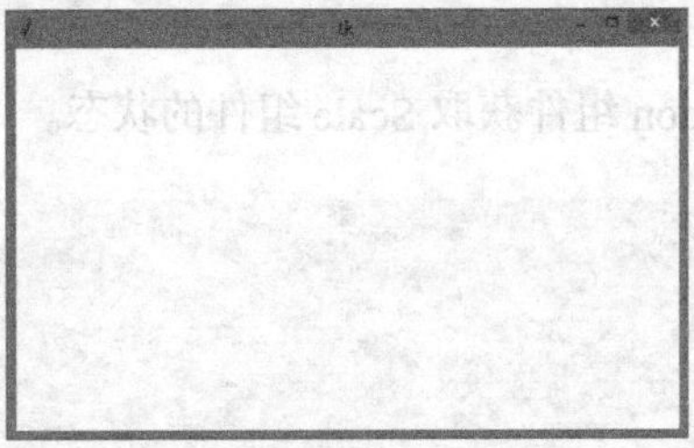

图 8-54 【例 8-60】的运行结果

2. 添加文本内容

使用 insert()方法可以向 Text 组件添加文本内容，语法如下：

```
Text 组件.insert(插入位置, 插入的字符串)
```

插入位置是一个浮点数，整数部分表示插入的行数，小数部分表示插入的列数。

【例 8-61】 使用 insert()方法可以向 Text 组件添加文本内容。

```
from tkinter import *
root = Tk()
t = Text(root)
t.insert(1.0,'0123456789')
t.insert(1.5,'inserted')
t.pack()
root.mainloop()
```

程序首先向 Text 组件的第 1 行第 0 列处插入“0123456789”，然后向 Text 组件的第 1 行第 5

列处插入“inserted”。运行结果如图 8-55 所示。

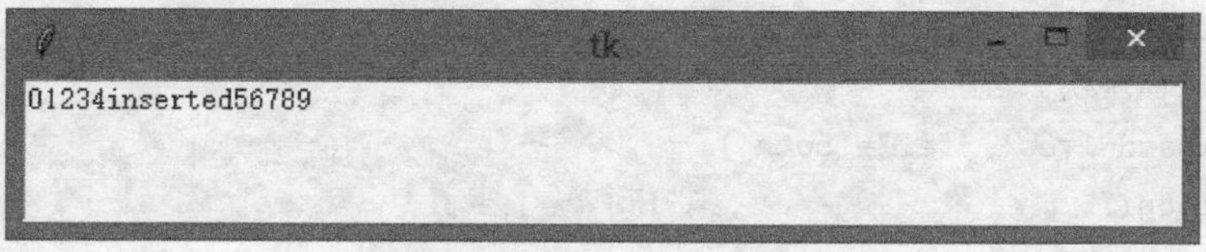

图 8-55 【例 8-61】的运行结果

8.2　窗体布局

8.1 节介绍了常用 tkinter 组件的使用方法，如果不特殊指定，tkinter 组件会被放置在窗体的默认位置。如果设计比较复杂的界面，就需要考虑窗体的布局。

8.2.1　pack()方法

pack()方法以块的方式组织组件。前面已经介绍了 pack()方法的最简单的用法，即直接将组件显示在默认位置。

pack()方法的语法如下：

```
组件对象.pack(选项, …)
```

常用的选项如表 8-11 所示。

表 8-11　pack()方法的常用选项

属性	说明
expand	可选值为 yes，自然数，no，0（默认值为“no”或 0）。当值为 yes 时，side 选项无效。组件显示在父组件中心位置；如果 fill 选项为 both，则填充父组件的剩余空间
fill	填充 x 或 y 方向上的空间，当属性 side=top 或 bottom 时，则填充 x 方向；当属性 side=left 或 right 时，填充“y”方向；当 expand 选项为“yes”时，填充父组件的剩余空间
ipadx, ipady	组件内部在 x(y)方向上填充的空间大小，默认单位为像素，可选单位为 c（厘米）、m（毫米）、i（英寸）、p（打印机的点，即 1/27 英寸），在值后加以上一个后缀即可
padx, pady	组件外部在 x(y)方向上填充的空间大小，默认单位为像素， 可选单位为 c（厘米）、m（毫米）、i（英寸）、p（打印机的点，即 1/27 英寸），在值后加以上一个后缀即可
side	定义停靠在父组件的哪一边上。可选值为 top、bottom、left、right，默认为 top
before	将本组件于所选组建对象之前 pack，类似于先创建本组件再创建选定组件
after	将本组件于所选组建对象之后 pack，类似于先创建选定组件再创建本组件
in_	将本组件作为所选组建对象的子组件
anchor	对齐方式，左对齐 w，右对齐 e，顶对齐 n，底对齐 s

【例 8-62】　使用 pack()方法组织组件的简单例子。

```
from tkinter import *
```

```
root = Tk()
lb = Listbox(root)
for item in ['北京','天津','上海']:
   lb.insert(END,item)
lb.pack(expand='yes', fill='both')
root.mainloop()
```

运行此程序，会弹出一个如图 8-56 所示的窗口。改变窗口大小，Listbox 的大小也会随之改变。

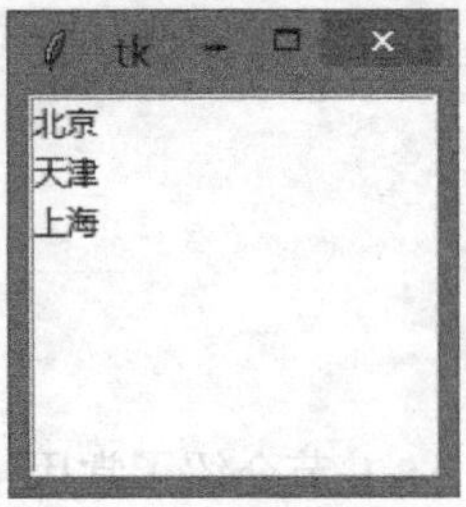

图 8-56 【例 8-62】的运行结果

8.2.2 grid()方法

grid()方法以类似表格的方式组织组件。grid ()方法的语法如下：

```
组件对象.pack(选项, …)
```

常用的选项如表 8-12 所示。

表 8-12 grid ()方法的常用选项

属性	说明
column	组件所在单元格的列号
columnspan	从组件所在单元格算起在列方向上的跨度
ipadx, ipady	组件内部在 x(y)方向上填充的空间大小，默认单位为像素，可选单位为 c（厘米）、m（毫米）、i（英寸）、p（打印机的点，即 1/27 英寸），在值后加以上一个后缀即可
padx, pady	组件外部在 x(y)方向上填充的空间大小，默认单位为像素，可选单位为 c（厘米）、m（毫米）、i（英寸）、p（打印机的点，即 1/27 英寸），在值后加以上一个后缀即可
row	组件所在单元格的行号
rowspan	从组件所置单元格算起在行方向上的跨度
in_	将本组件作为所选组建对象的子组件
sticky	组件紧靠所在单元格的某一边角，左对齐 w、右对齐 e、顶对齐 n、 底对齐 s、左上对齐 nw、左下对齐 sw、右下对齐 se、右上对齐 ne、居中对齐 center。默认为 center

【例 8–63】 使用 grid()方法组织组件，定义一个登录对话框。

```
from tkinter import *
from tkinter import ttk

def calculate(*args):
    try:
        value = float(feet.get())
        meters.set((0.3048 * value * 10000.0 + 0.5)/10000.0)
    except ValueError:
        pass

root = Tk()
```

```
root.title("Feet to Meters")

mainframe = ttk.Frame(root, padding="3 3 12 12")
mainframe.grid(column=0, row=0, sticky=(N, W, E, S))
mainframe.columnconfigure(0, weight=1)
mainframe.rowconfigure(0, weight=1)

feet = StringVar()
meters = StringVar()
ttk.Label(mainframe, text="用户名" ).grid(column=1, row=1, sticky=(W, E))
uname_entry = ttk.Entry(mainframe, width=10)
uname_entry.grid(column=2, columnspan=2, row=1, sticky=(W, E))

ttk.Label(mainframe, text="密 码" ).grid(column=1, row=2, sticky=(W, E))
pass_entry = ttk.Entry(mainframe, width=10, textvariable=feet)
pass_entry.grid(column=2, columnspan=2, row=2, sticky=(W, E))
ttk.Button(mainframe, text="确 定").grid(column=2, row=3, sticky=W)
ttk.Button(mainframe, text="取 消").grid(column=3, row=3, sticky=W)
#每个组件距离 5px
for child in mainframe.winfo_children(): child.grid_configure(padx=5, pady=5)
uname_entry.focus()
root.mainloop()
```

运行此程序，会弹出一个如图 8-57 所示的窗口。因为组件的最大行数和最大列数都是 3，因此窗口被划分为 3×3 的网格，如图 8-58 所示。因为两个 Entry 组件的 columnspan 属性被设置为 2，所以它们占据了两列空间。

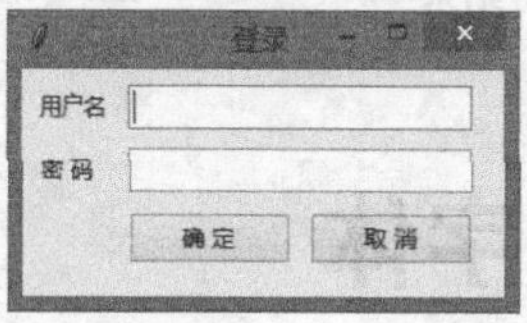

图 8-57 【例 8-63】的运行结果

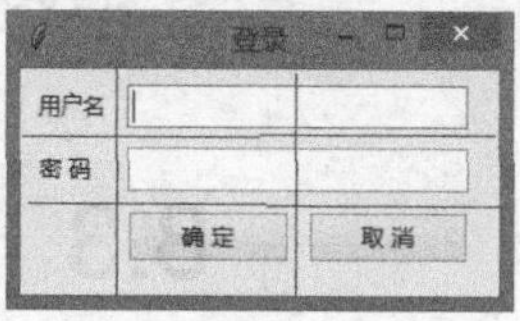

图 8-58　窗口被划分为 3×3 的网格

8.2.3　place()方法

place()方法使用绝对坐标将组件放到指定的位置。place ()方法的语法如下：

```
组件对象.pack(选项, ...)
```

常用的选项如表 8-13 所示。

表 8-13　place ()方法的常用选项

属性	说明
x, y	将组件放到指定位置的绝对坐标
relx ,rely	将组件放到指定位置的相对坐标，取值范围 0~1

续表

属性	说明
anchor	控制文字对象的对齐方式，'w'表示左对齐，'e'表示右对齐，'n'表示顶对齐，'s'表示底对齐，'nw'表示左上对齐，'sw'表示左下对齐，'se'表示右下对齐，'ne'表示右上对齐，'center'表示居中对齐。默认值为'center'
height, width	高度和宽度，单位为像素

【例 8-64】 使用 place ()方法组织组件，定义一个登录对话框。

```
from tkinter import *
root = Tk()
lb = Label(root,text = 'hello Python')
# 使用绝对坐标将 Label 放置到(50,50)位置上
lb.place(x = 50,y = 50,anchor = NW)
root.mainloop()
```

运行此程序，会弹出一个如图 8-59 所示的窗口。

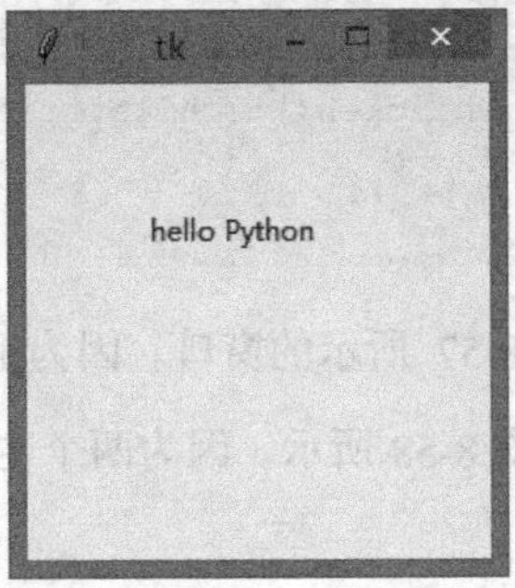

图 8-59 【例 8-64】的运行结果

8.3 Tkinter 字体

可以利用字体模块 tkFont 设置组件的字体。

8.3.1 导入 tkFont 模块

导入 tkFont 模块的代码如下：

```
from tkinter import *
import tkFont
```

8.3.2 设置组件的字体

在设置组件字体前要首先创建一个 tkFont 对象，方法如下：

```
tkFont 对象= tkFont.Font (family = 字体名称, size = 字体大小,字体样式 = 样式值)
```

常用的字体样式如表 8-14 所示。

表 8-14 常用的字体样式

属性	说明
weight	等于 tkFont.BOLD 表示加粗，等于 tkFont.NORMAL 表示正常字体
slant	等于 tkFont.ITALIC 表示加粗，等于 tkFont.NORMAL 表示正常字体
underline	等于 1 表示下划线字体，等于 0 表示正常字体
overstrike	等于 1 表示删除线字体，等于 0 表示正常字体

在组件中，可以使用 font 属性设置组件字体。以 Label 组件为例，设置字体的代码如下：

```
Label(root,text = 'hello sticky',font = tkFont 对象).grid()
```

【例 8-65】 设置 Label 组件的字体。

```
from tkinter import *
import tkinter.font as tkFont
root = Tk()
# 创建一个 Label
# 指定字体名称、大小、样式
# 名称是系统可使用的字体
ft1 = tkFont.Font(family = '隶书文字',size = 20,overstrike  = 1)
Label(root,text = '删除线',font = ft1 ).grid()

ft2 = tkFont.Font(family = '隶文字书',size = 20, slant=tkFont.ITALIC)
Label(root,text = '斜体',font = ft2).grid()

ft1 = tkFont.Font(family = '隶书文字',size = 20,weight  = tkFont.BOLD)
Label(root,text = '你好',font = ft1 ).grid()

ft1 = tkFont.Font(family = '隶书文字',size = 20,underline = 1)
Label(root,text = '下划线',font = ft1 ).grid()
root.mainloop()
```

运行此程序，会弹出一个如图 8-60 所示的窗口。

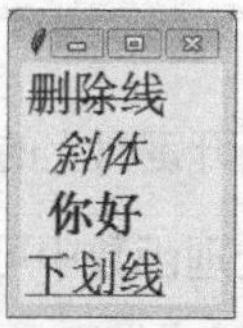

图 8-60 【例 8-65】的运行结果

8.4 事件处理

tkinter 可以很方便地对事件做出响应，进行处理。

事件通常指程序上发生的事，如单击一个按钮，移动鼠标，或者按下一个按键。每一种控件都有自己可以识别的事件。

程序可以使用事件处理函数来指定当触发某个事件时所做的操作。

可以使用 bind()方法将事件与事件处理函数绑定在一起，语法如下：

```
tkinter 组件.bind(事件名，事件处理函数)
```

1. 键盘事件

当按下键盘上的某个键时触发 KeyPress 事件。KeyPress 事件的事件名为“<Key>”或“<KeyPress>”，在事件处理函数中可以有一个参数 event，可以通过 event.char 获取到按键的信息。

【例 8-66】 触发 KeyPress 事件的例子。

```
from tkinter import *
from tkinter.messagebox import *

def press(event):
  print('按下'+event.char)
win = Tk() #创建窗口对象
win.title("KeyPress 事件的简单例子")#设置窗口标题
t = Text(win)
t.bind("<KeyPress>", press)
t.pack()
win.mainloop()
```

程序在窗口中定义了一个 Text 组件，当在 Text 组件上触发 KeyPress 事件时调用 press()函数，打印按下的键。运行此程序，会弹出一个如图 8-61 所示的窗口。

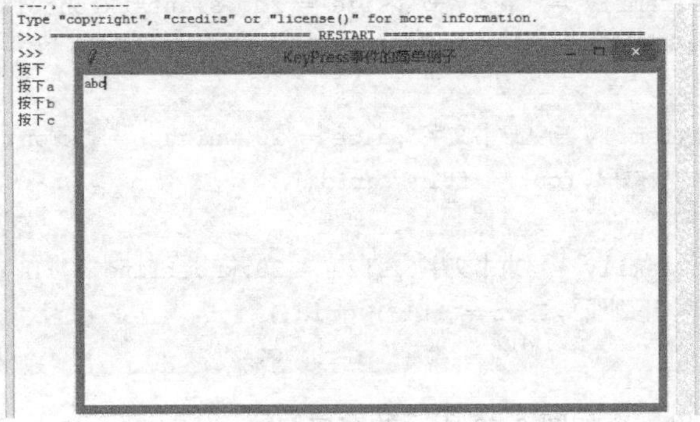

图 8-61 【例 8-66】的运行结果

当松开键盘上的某个键时触发 KeyRelease 事件。KeyRelease 事件的事件名为“<KeyRelease>”，在事件处理函数中可以有一个参数 event，可以通过 event.char 获取到按键的信息。

【例 8-67】 触发 KeyRelease 事件的例子。

```
from tkinter import *
from tkinter.messagebox import *
```

```
def Release(event):
    print('松开'+event.char)
win = Tk() #创建窗口对象
win.title("KeyRelease 事件的简单例子")#设置窗口标题
t = Text(win)
t.bind("<KeyRelease>", Release)
t.pack()
win.mainloop()
```

程序在窗口中定义了一个 Text 组件，当在 Text 组件上触发 KeyRelease 事件时调用 Release () 函数，打印按下的键。

2. 鼠标事件

与鼠标有关的事件如表 8-15 所示。

表 8-15　与鼠标有关的事件

事件	说明
ButtonPress	按下鼠标某键
ButtonRelease	释放鼠标某键
Motion	选中组件的同时拖曳移动时触发
Enter	当鼠标指针移进某组件时触发
Leave	当鼠标指针移出某组件时触发
MouseWheel	当鼠标滚轮滚动时触发

当按下不同的鼠标按键时会触发不同的 ButtonPress 事件，事件名为<ButtonPress-n>，n 为 1 时表示左键，n 为 2 时表示中键，n 为 3 时表示右键。也可以缩写为<Button-n>。

【例 8-68】　触发 ButtonPress 事件的例子。

```
from tkinter import *
from tkinter.messagebox import *

def Release(event):
    print('松开'+event.char)
win = Tk() #创建窗口对象
win.title("KeyRelease 事件的简单例子")#设置窗口标题
t = Text(win)
t.bind("<KeyRelease>", Release)
t.pack()
win.mainloop()
```

程序在窗口中定义了一个 Text 组件，单击 Text 组件会弹出一个对话框。

3. 窗体事件

与窗体有关的事件如表 8-16 所示。

表 8-16 与窗体有关的事件

事件	说明
Visibility	当组件变为可视状态时触发
Unmap	当组件由显示状态变为隐藏状态时触发
Map	当组件由隐藏状态变为显示状态时触发
FocusIn	组件获得焦点时触发
FocusOut	组件失去焦点时触发
Configure	当改变组件大小时触发
Property	当窗体的属性被删除或改变时触发
Destroy	当组件被销毁时触发
Activate	与组件选项中的 state 项有关，表示组件由不可用转为可用
Deactivate	与组件选项中的 state 项有关，表示组件由可用转为不可用

【例 8-69】 触发 FocusIn 事件和 FocusOut 事件的例子。

```
from tkinter import *

def FocusIn(event):
  print('hello')
def FocusOut(event):
  print('byebye~')
win = Tk() #创建窗口对象
win.title("KeyRelease事件的简单例子")#设置窗口标题
t = Text(win)
t.bind("<FocusIn>", FocusIn)
t.bind("<FocusOut>", FocusOut)
t.pack()
win.mainloop()
```

程序在窗口中定义了一个 Text 组件，当 Text 组件得到焦点时会打印“hello”，当 Text 组件失去焦点时会打印“'byebye~”。

习 题

一、选择题

1．弹出消息框是图形界面编程最基本的功能。使用（　　）模块可以实现此功能。

A．tkinter　　B．tkinter.messagebox

C．tkinter.dialog　　D．tkinter.form

2．可以使用（　　）属性在 Label 组件中显示位图。

A．bitmap　　B．picture　　C．image　　D．img

3．（　　）组件用于在窗口中输入单行文本。

A．Entry　　B．Label　　C．Scale　　D．Text

4．（　　）方法以块的方式组织组件。

A．grid()　　B．place()　　C．mainloop()　　D．pack()

二、填空题

1．使用________()函数可以弹出错误消息框。

2．使用________()函数可以弹出一个包含“是”和“否”按钮的疑问消息框。

3．可以使用________属性设置 Button 组件的状态。可以取值为正常（NORMAL）、激活（ACTIVE）和禁用（DISABLED）。

三、简答题

简述与鼠标有关的事件。

第 9 章 多任务编程

多任务编程通常指用户可以在同一时间内运行多个应用程序，也指一个应用程序可以在同一时间内运行多个任务。多任务编程是影响应用程序性能的重要因素。

9.1 多进程编程

本节介绍使用 Python 进行多进程编程的方法。

9.1.1 什么是进程

进程是正在运行的程序的实例。每个进程至少包含一个线程，它从主程序开始执行，直到退出程序，主线程结束。该进程也被从内存中卸载。主线程在运行过程中还可以创建新的线程，实现多线程的功能。关于多线程编程的方法将在 9.3 节中介绍。

计算机程序是由指令（代码）组成的，而进程则是这些指令的实际运行体。如果多次运行一个程序，则该程序也能对应多个进程。

进程由如下几个部分组成。

- 与程序相关联的可执行代码的映像。
- 内存空间（通常是虚拟内存中的一些区域），其中保存可执行代码、进程的特定数据、用于记录活动例程和其他事件的调用栈、用于保存实时产生的中间计算结果的堆（heap）。
- 分配给进程的资源的操作系统描述符（比如文件句柄）以及其他数据资源。
- 安全属性，比如进程的所有者和权限。
- 处理器的状态，比如寄存器的内容、物理内存地址等。

操作系统在叫作进程控制块（Process Control Block，PCB）的数据结构中保存活动进程的上述信息。

9.1.2　进程的状态

在操作系统内核中，进程可以被标记成“被创建”（created）、“就绪”（ready）、“运行”（running）、“阻塞”（blocked）、“挂起”（suspend）和“终止”（terminated）等状态。各种状态的切换过程如下。

- 当其被从存储介质中加载到内存中，进程的状态为“被创建”。
- 被创建后，进程调度器会自动将进程的状态设置为“就绪”。此时，进程等待调度器做上下文切换。处理器空闲时，将进程加载到处理器中，然后进程的状态变成“运行”，处理器开始执行该进程的指令。
- 如果进程需要等待某个资源（比如用户输入、打开文件、执行打印操作等），它将会被标记为“阻塞”状态。当进程获得了等待的资源后，它的状态又会变回“就绪”。
- 当内存中的所有进程都处于“阻塞”状态时，Windows 会将其中一个进程设置为“挂起”状态，并将其在内存中的数据保存到磁盘中。这样可以释放内存空间给其他进程。Windows 也会把导致系统不稳定的进程挂起。
- 一旦进程执行完成或者被操作系统终止，它就会被从内存中移除或者被设置为“被终止”状态。

Windows 进程的状态切换如图 9-1 所示。

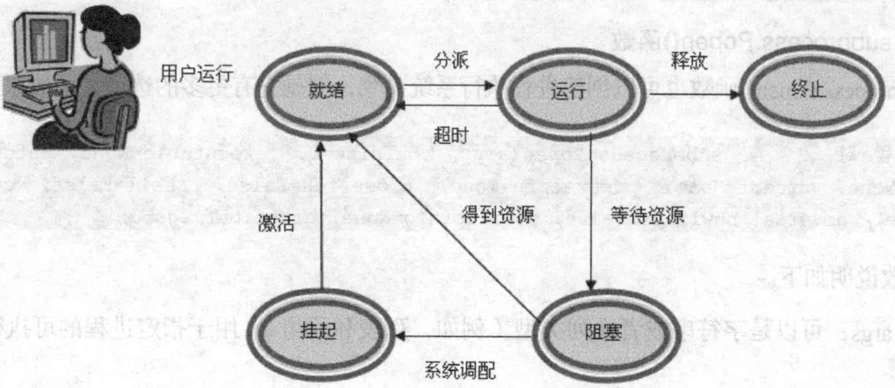

图 9-1　Windows 进程的状态切换

9.2　进程编程

本节介绍基本的进程编程方法，包括创建进程、结束进程和获取进程信息等。

9.2.1 创建进程

可以引入 subprocess 模块来管理进程，方法如下：

```
import subprocess
```

1. subprocess.call()函数

可以调用 subprocess.call()方法创建进程，基本语法如下：

```
trtcode = subprocess.call(可执行程序)
trtcode 返回可执行程序的退出信息。
```

【例 9-1】 调用 subprocess.call()方法运行记事本，代码如下：

```
import subprocess
retcode = subprocess.call("notepad.exe")
print(retcode)
```

可以通过元祖的形式指定运行程序的参数，方法如下：

```
trtcode = subprocess.call([可执行程序, 参数])
```

【例 9-2】 调用 subprocess.call()方法运行记事本，同时指定打开的文件，代码如下：

```
import subprocess
retcode = subprocess.call(["notepad.exe","1.txt"])
print(retcode)
```

2. subprocess.Popen()函数

subprocess.Popen()函数也可以创建进程执行系统命令，但是它有更多的选项，函数原型如下：

```
进 程 对 象  = subprocess.Popen(args, bufsize=0, executable=None, stdin=None,
stdout=None, stderr=None, preexec_fn=None, close_fds=False, shell=False, cwd=None,
env=None, universal_newlines=False, startupinfo=None, creationflags=0)
```

参数说明如下。

- args：可以是字符串或者序列类型（例如，列表和元组），用于指定进程的可执行文件及其参数。
- bufsize：指定缓冲区的大小。
- executable：用于指定可执行程序。一般通过 args 参数来设置所要运行的程序。如果将参数 shell 设为 True，则 executable 用于指定程序使用的 shell。在 Windows 平台下，默认的 shell 由 COMSPEC 环境变量来指定，即命令窗口。
- stdin：指定程序的标准输入，默认是键盘。
- stdout：指定程序的标准输出，默认是屏幕。

- stderr：指定程序的标准错误输出，默认是屏幕。
- preexec_fn：只在 UNIX 有效，用于指定一个可执行对象，它将在子进程运行之前被调用。
- close_fds：在 Windows 平台下，如果 close_fds 被设置为 True，则新创建的子进程将不会继承父进程的输入、输出和错误管道。
- shell：如果 shell 被设为 True，程序将通过 shell 来执行。
- cwd：指定进程的当前目录。
- env：指定进程的环境变量。
- universal_newlines：指定是否使用统一的文本换行符。在不同操作系统下，文本的换行符是不一样的。例如，在 Windows 系统下用“/r/n”表示换行，而 Linux 系统下用“/n”。如果将此参数设置为 True，Python 统一把这些换行符当作“/n”来处理。
- startupinfo 和 creationflags：只在 Windows 系统下有效，它们将被传递给底层的 CreateProcess()函数，用于设置进程的一些属性，如主窗口的外观和进程的优先级等。

【例 9-3】　调用 subprocess. Popen()函数运行 dir 命令，列出当前目录下的文件，代码如下：

```
import subprocess
p = subprocess.Popen("dir", shell=True)
p.wait()
```

p.wait()函数用于等待进程结束。注意，此程序需要在命令行窗口中使用 python 命令运行才能看到运行如果，运行命令如下：

```
python 例 9-3.py
```

运行结果如图 9-2 所示。

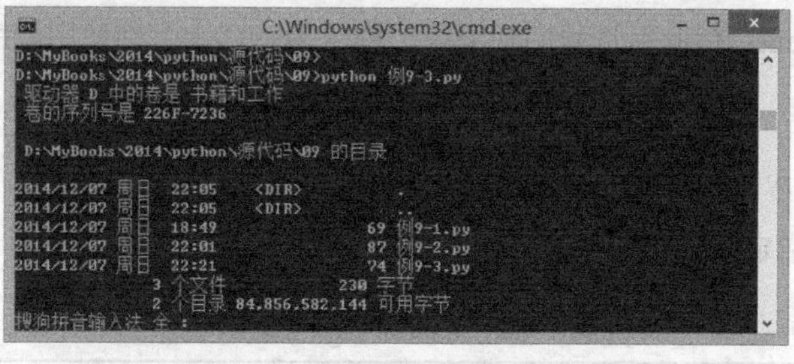

图 9-2 【例 9-3】的运行结果

【例 9-4】　使用 wait()函数实现休眠 10 秒，代码如下：

```
import subprocess
import datetime
print (datetime.datetime.now())
p=subprocess.Popen("ping localhost > nul",shell=True)
print ("程序执行中...")
```

```
p.wait()
print(datetime.datetime.now())
```

ping localhost > nul 命令用于 ping 本机，目的在于拖延时间，运行结果如下：

```
2014-12-09 20:48:12.120471

程序执行中...
2014-12-09 20:48:15.242860
```

可以看到，p.wait()函数一直等待 ping 命令结束后才返回。

3. CreateProcess 函数

可以使用 win32process 模块中的 CreateProcess()函数创建进程。函数原型如下：

```
CreateProcess(appName, commandLine , processAttributes ,
TreadAttributes , bInheritHandles ,
dwCreationFlags , newEnvironment , currentDirectory , startupinfo
```

参数说明如下。

- appName：要执行的应用程序名，可以包括结对路径和文件名，通常可以为 NULL。
- commandLine：要执行的命令行。
- processAttributes：新进程的安全属性，如果为 None，则为默认的安全属性。
- ThreadAttributes：线程安全属性，如果为 None，则为默认的安全属性。
- bInheritHandles：继承属性，如果为 None，则为默认的继承属性。
- dwCreationFlags：指定附加的、用来控制优先类和进程创建的标志。其取值如表 9-1 所示，这些属性值都在 win32process 模块中定义。例如，使用 win32process. CREATE_NO_WINDOW 可以指定新建进程是一个没有窗口的控制台应用程序。
- newEnvironment：指向新进程的环境块。如果为 NULL，则使用调用 CreateProcess()函数的进程的环境。
- currentDirectory：进程的当前目录。
- startupinfo：指定新进程的主窗口特性。

表 9-1 dwCreationFlags 参数的取值

取值	说明
CREATE_BREAKAWAY_FROM_JOB	如果进程与一个作业相关联，则其子进程与该作业无关
CREATE_DEFAULT_ERROR_MODE	新进程不继承调用 CreateProcess()函数的进程的错误模式，而是使用缺省的错误模式
CREATE_FORCE_DOS	以 MS-DOS 模式运行应用程序
CREATE_NEW_CONSOLE	新进程打开一个新的控制台窗口，而不是使用调用进程的控制台窗口

续表

取值	说明
CREATE_NEW_PROCESS_GROUP	新进程是一个新进程组的根进程。新进程组中包含新建进程的所有后代进程
CREATE_NO_WINDOW	新建进程是一个没有窗口的控制台应用程序，因此，它的控制台句柄没有被设置
CREATE_SEPARATE_WOW_VDM	只用于 16 位 Windows 应用程序。如果设置，则新进程在一个私有虚拟 DOS 机（VDM，Virtual DOS Machine）中运行
CREATE_SHARED_WOW_VDM	只用于 16 位 Windows 应用程序。如果设置，则新进程在一个共享虚拟 DOS 机中运行
CREATE_SUSPENDED	创建一个处于挂起状态的进程
CREATE_UNICODE_ENVIRONMENT	如果设置了此选项，则参数 newEnvironment 使用 Unicode 字符串
DEBUG_PROCESS	启动并调试新进程及所有其创建的子进程
DEBUG_ONLY_THIS_PROCESS	启动并调试新进程。可以调用 WaitForDebugEvent()函数接收调试事件
DETACHED_PROCESS	对于控制台程序，新进程不继承父控制台
ABOVE_NORMAL_PRIORITY_CLASS	指定新建进程的优先级比 NORMAL_PRIORITY_CLASS 高，但是比 HIGH_PRIORITY_CLASS 低
BELOW_NORMAL_PRIORITY_CLASS	指定新建进程的优先级比 IDLE_PRIORITY_CLASS 高，但是比 NORMAL_PRIORITY_CLASS 低
HIGH_PRIORITY_CLASS	指定新建高优先级的进程
IDLE_PRIORITY_CLASS	指定只有系统空闲时才运行新建级的进程
NORMAL_PRIORITY_CLASS	创建一个普通进程
REALTIME_PRIORITY_CLASS	指定新建最高优先级的进程

【例 9-5】 调用 CreateProcess()函数运行 Windows 记事本程序，代码如下：

```
import win32process
#打开记事本程序，获得其句柄
handle = win32process.CreateProcess('C:\Windows\\notepad.exe','', None , None ,
0 ,win32process.CREATE_NO_WINDOW , None , None ,win32process.STARTUPINFO())
```

提示

运行本实例之前，需要下载和安装 Pywin32 扩展库。

9.2.2 枚举系统进程

有些应用程序需要像任务管理器一样枚举当前系统正在运行的进程信息。

1. CreateToolhelp32Snapshot()函数

调用 Windows API CreateToolhelp32Snapshot()函数可以获取当前系统运行进程的快照（snapshot），也就是运行进程的列表，其中包含进程标示符及其对应的可执行文件等信息，函数原型如下：

```
HANDLE WINAPI CreateToolhelp32Snapshot(
  DWORD dwFlags,       //指定快照中包含的对象
  DWORD th32ProcessID // 指定获取进程快照的 PID。如果为 0，则获取当前系统进程列表
)
```

如果函数执行成功，则返回进程快照的句柄；否则返回 INVALID_HANDLE_VALUE。

参数 dwFlags 的取值如表 9-2 所示。

表 9-2　参数 dwFlags 的取值

取值	说明
TH32CS_SNAPALL （15，0x0000000F）	相当于指定了 TH32CS_SNAPHEAPLIST，TH32CS_SNAPMODULE，TH32CS_SNAPPROCESS，和 TH32CS_SNAPTHREAD
TH32CS_SNAPHEAPLIST （1，0x00000001）	快照中包含指定进程的堆列表
TH32CS_SNAPMODULE （8，0x00000008）	快照中包含指定进程的模块列表
TH32CS_SNAPPROCESS （2，0x00000002）	快照中包含进程列表
TH32CS_SNAPTHREAD （4，0x00000004）	快照中包含线程列表

Python 的 ctype 库赋予了 Python 类似于 C 语言一样的底层操作能力，导入 ctype 模块后就可以调用 CreateToolhelp32Snapshot()函数了，代码如下：

```
from ctypes.wintypes import *
from ctypes import  *
```

调用 CreateToolhelp32Snapshot()函数的代码如下：

```
kernel32 = windll.kernel32
hSnapshot = kernel32.CreateToolhelp32Snapshot(15, 0)
```

2. Process32First()函数

调用 Process32First()函数可以从进程快照中获取第 1 个进程的信息，函数原型如下：

```
BOOL WINAPI Process32First(
  HANDLE hSnapshot,        // 之前调用 CreateToolhelp32Snapshot()函数得到的进程快照句柄
  LPPROCESSENTRY32 lppe    // 包含进程信息的结构体
)
```

如果函数执行成功，则返回 True，否则返回 False。

结构体 LPPROCESSENTRY32 的定义如下：

```
typedef struct tagPROCESSENTRY32{
```

```
  DWORD dwSize                  // 结构体的长度，单位是字节
  DWORD cntUsage                // 引用进程的数量，必须为 1
  DWORD th32ProcessID           // 进程标示符（PID）
  DWORD th32DefaultHeapID       // 进程的缺省堆标识符
  DWORD th32ModuleID            // 进程的模块标识符
  DWORD cntThreads              // 进程中运行的线程数量
  DWORD th32ParentProcessID     // 创建进程的父进程的标识符
  LONG  pcPriClassBas           // 进程创建的线程的优先级
  DWORD dwFlags                 // 未使用
  TCHAR szExeFile[MAX_PATH]     // 进程对应的可执行文件名
  DWORD th32MemoryBase          // 可执行文件的加载地址
  DWORD th32AccessKey           // 位数组，每一位指定进程对地址的查看权限
  } PROCESSENTRY32
```

为了在 Python 中获取进程信息，需要定义结构体 tagPROCESSENTRY32，代码如下：

```
class tagPROCESSENTRY32(Structure):
    _fields_ = [('dwSize',              DWORD),
               ('cntUsage',            DWORD),
               ('th32ProcessID',       DWORD),
               ('th32DefaultHeapID',   POINTER(ULONG)),
               ('th32ModuleID',        DWORD),
               ('cntThreads',          DWORD),
               ('th32ParentProcessID', DWORD),
               ('pcPriClassBase',      LONG),
               ('dwFlags',             DWORD),
               ('szExeFile',           c_char * 260)]
```

在 Python 中调用 Process32First ()函数的代码如下：

```
kernel32 = windll.kernel32
fProcessEntry32 = tagPROCESSENTRY32()
fProcessEntry32.dwSize = sizeof(fProcessEntry32)
listloop = kernel32.Process32First(hSnapshot, byref(fProcessEntry32))
```

参数 hSnapshot 是之前调用 CreateToolhelp32Snapshot()函数返回的进程快照句柄。

获取的进程信息被存储在 fProcessEntry32 里。

3. Process32Next()函数

调用 Process32Next()函数可以从进程快照中获取下一个进程的信息，函数原型如下：

```
BOOL WINAPI Process32Next(
  HANDLE hSnapshot,    // 之前调用 createtoolhelp32napshot()函数得到的进程快照句柄
  LPPROCESSENTRY32 lppe // 包含进程信息的结构体
)
```

如果函数执行成功，则返回 True；否则返回 False。

在 Python 中调用 Process32Next()函数的代码如下：

```
kernel32 = windll.kernel32
fProcessEntry32 = tagPROCESSENTRY32()
fProcessEntry32.dwSize = sizeof(fProcessEntry32)
    listloop = kernel32.Process32Next(hSnapshot, byref(fProcessEntry32))
```

参数 hSnapshot 是之前调用 CreateToolhelp32Snapshot()函数返回的进程快照句柄。

获取的进程信息被存储在 fProcessEntry32 里。

【例 9-6】 利用进程快照枚举当前 Windows 运行进程的信息，代码如下：

```
from ctypes.wintypes import *
from ctypes import  *

kernel32 = windll.kernel32
# 定义进程信息结构体
class tagPROCESSENTRY32(Structure):
    _fields_ = [('dwSize',              DWORD),
                ('cntUsage',            DWORD),
                ('th32ProcessID',       DWORD),
                ('th32DefaultHeapID',   POINTER(ULONG)),
                ('th32ModuleID',        DWORD),
                ('cntThreads',          DWORD),
                ('th32ParentProcessID', DWORD),
                ('pcPriClassBase',      LONG),
                ('dwFlags',             DWORD),
                ('szExeFile',           c_char * 260)]
#  获取当前系统运行进程的快照
hSnapshot = kernel32.CreateToolhelp32Snapshot(15, 0)
fProcessEntry32 = tagPROCESSENTRY32()
#  初始化进程信息结构体的大小
fProcessEntry32.dwSize = sizeof(fProcessEntry32)

# 获取第一个进程信息
    listloop  =  kernel32.Process32First(hSnapshot,
byref(fProcessEntry32))
    while listloop:  # 如果获取进程信息成功，则继续
        processName = (fProcessEntry32.szExeFile)
        processID = fProcessEntry32.th32ProcessID
        print("%d:%s" %(processID,processName))
        # 获取下一个进程信息
        listloop = kernel32.Process32Next(hSnapshot,
byref(fProcessEntry32))
```

图 9-3 【例 9-6】的运行结果

请参照注释理解，运行结果如图 9-3 所示。

9.2.3 终止进程

进程从主函数的第一行代码开始执行，直到主函数结束时终止；也可以强制结束一个进程。当进程被终止时，系统会进行下面的操作。

- 进程中的所有线程都被标记为“终止”状态。
- 分配给进程的所有资源都会被释放掉。
- 所有与该进程相关的内核对象都会被关闭。
- 从内存中移除该进程的代码。
- 系统设置进程的退出代码。
- 将该进程对象设置为“受信”（Signaled）状态。

在 Python 中，可以通过执行 TASKKILL 命令来终止进程。TASKKILL 命令的语法如下：

```
TASKKILL [/S system [/U username [/P [password]]]]
         { [/FI filter] [/PID processid | /IM imagename] } [/T] [/F]
```

参数说明如下。

- /S　system：指定要连接的远程系统。
- /U　[domain\]user：指定应该在哪个用户上下文执行这个命令。
- /P　[password]：为提供的用户上下文指定密码。如果忽略，则提示输入。
- /FI　filter：应用筛选器以选择一组任务。允许使用“*”。例如，映像名称 eq acme*。
- /PID　processid：指定要终止的进程的 PID。
- /IM　imagename：指定要终止的进程的映像名称。通配符“*”可用来指定所有任务或映像名称。
- /T：终止指定的进程和由它启用的子进程。
- /F：指定强制终止进程。

在 Python 中，可以通过 os.system()函数执行操作系统命令。

【例 9-7】　利用 TASKKILL 命令来终止进程 notepad.exe，代码如下：

```
import os
os.system('taskkill /F /IM notepad.exe')
```

9.2.4 进程池

进程池是管理进程的一种机制。当程序同时运行多个进程时，可以使用进程池对进程进行管理和调度。进程池可以提供指定数量的进程，供用户调用。当有新的请求提交到进程池中时，如果池还没有满，那么就会创建一个新的进程用来执行该请求；但如果池中的进程数已经达到规定的最大值，那么该请求就会等待，直到池中有进程结束，才会创建新的进程。

multiprocessing 包是 Python 中的多进程管理包。使用它可以创建和管理进程池。导入进程池类 Pool 的方法如下：

```
from multiprocessing import Pool
```

创建一个进程池的方法如下：

```
进程池对象 = Pool(processes=n)
```

n 表示进程池中可以包含的最大进程数。

1. apply_async()函数

apply_async()函数用于在一个进程池的工作进程中异步地执行函数，并返回结果。函数原型如下：

```
multiprocessing.Pool.apply_async(func[, args[, kwargs[, callback]]])
```

参数说明如下。

- func：异步执行的函数名。
- args 和 kwargs：func()函数的参数。
- callback：可调用对象，接受输入参数。当 func 的结果变为可用时，将立即传递给 callback。

假定 apply_async()函数的返回结果是 result，则可以通过调用 result.successful()函数获取整个调用执行的状态。如果执行成功，则返回 True；如果还有工作进程没执行完，则会抛出 AssertionError 异常。

2. 关闭进程池

使用进程池后，需要关闭进程池，释放资源。可以使用 close()函数或 terminate()函数关闭进程池。close()函数和 terminate()函数的区别在于 close()函数会等待池中的工作进程执行结束再关闭进程池，而 terminate()函数则是直接关闭。

3. join()函数

调用 join()函数可以等待进程池中的工作进程执行完毕，以防止主进程在工作进程结束前结束。但是 join()函数必须在关闭进程池之后使用。

【例 9-8】 使用进程池的例子。

```
from multiprocessing import Pool
from time import sleep
import subprocess
```

```
def f(x):
   retcode = subprocess.call("notepad.exe")
   sleep(1)

def main():
    pool = Pool(processes=3)    # 最多工作进程数为 3
    for i in range(1,10):
       result = pool.apply_async(f, (i,))
    pool.close()
    pool.join()
    if result.successful():
       print('successful')

if __name__ == "__main__":
    main()
```

本例定义了一个 f()函数和 main()函数。f()函数运行 notepad.exe，然后休息 1 秒。在 main()函数中，创建一个最多工作进程数为 3 的进程池 pool。然后 10 次使用进程池 pool 调用 f()函数。如果执行成功，则打印'successful'。

内建变量__name__通常为模块文件名。如果直接运行标准程序，则__name__的值等于"__main__"。本例中，只有__name__ == "__main__"时才会运行 main()函数创建和使用进程池。而运行进程池中的工作进程时则不会运行 main()函数。

本例会依次打开 10 个记事本窗口。每隔 1 秒打开 1 个。

9.3　多线程编程

在应用程序中，用多线程编程可以提高应用程序的并发性和处理速度，使后台计算不影响前台界面和用户的交互。本节将介绍线程的概念和多线程编程的方法。

9.3.1　线程的概念

在学习编程时，通常都是从编写顺序程序开始的。例如，输出字符串、对一组元素进行排序、完成一些数学计算等。每个顺序程序都有一个开始，然后执行一系列顺序的指令，直至结束。在运行时的任意时刻，程序中只有一个点被执行。

线程是操作系统可以调度的最小执行单位，通常是将程序拆分成两个或多个并发运行的任务。一个线程就是一段顺序程序。但是线程不能独立运行，只能在程序中运行。

不同的操作系统实现进程和线程的方法也不同，但大多数是在进程中包含线程，Windows就是这样。一个进程中可以存在多个线程，线程可以共享进程的资源（比如内存）。而不同的进程之间则是不能共享资源的。

比较经典的情况是进程中的多个线程执行相同的代码，并共享进程中的变量。举个形象的例子，就好像几个厨师按照相同的菜谱做菜，他们共同使用一些食材，每个厨师对食材的使用情况都会影响其他厨师的工作。

在单处理器的计算机中，系统会将 CPU 时间拆分给多线程。处理器在不同的线程之间切换。而在多处理器或多核系统中，线程则是真正地同时运行，每个处理器或内核运行一个线程。

线程与进程的对比如下。

（1）进程通常可用独立运行，而线程则是进程的子集，只能在进程运行的基础上运行。

（2）进程拥有独立的私有内存空间，一个进程不能访问其他进程的内存空间；而一个进程中的线程则可以共享内存空间。

（3）进程之间只能通过系统提供的进程间通信的机制进行通信；而线程间的通信则简单得多。

（4）一个进程中的线程之间切换上下文比不同进程之间切换上下文要高效得多。

在操作系统内核中，线程可以被标记成如下状态。

- 初始化（init）：在创建线程，操作系统在内部会将其标识为初始化状态。此状态只在系统内核中使用。
- 就绪（ready）：线程已经准备好被执行。
- 延迟就绪（deferred ready）：表示线程已经被选择在指定的处理器上运行，但还没有被调度。
- 备用（standby）：表示线程已经被选择下一个在指定的处理器上运行。当该处理器上运行的线程因等待资源等原因被挂起时，调度器将备用线程切换到处理器上运行。只有一个线程可以是备用状态。
- 运行（running）：表示调度器将线程切换到处理器上运行，它可以运行一个线程周期（quantum），然后将处理器让给其他线程。
- 等待（waiting）：线程可以因为等待一个同步执行的对象或等待资源等切换到等待状态。
- 过渡（transition），表示线程已经准备好被执行，但它的内核堆已经被从内存中移除。一旦其内核堆被加载到内存中，线程就会变成运行状态。
- 终止（terminated）：当线程被执行完成后，其状态会变成终止。系统会释放线程中的数据结构和资源。

Windows 线程的状态切换如图 9-4 所示。

每个线程必须拥有一个进入点函数，线程从这个进入点开始运行。如果想在进程中创建一个线程，则必须为该线程指定一个进入点函数，这个函数也称为线程函数。

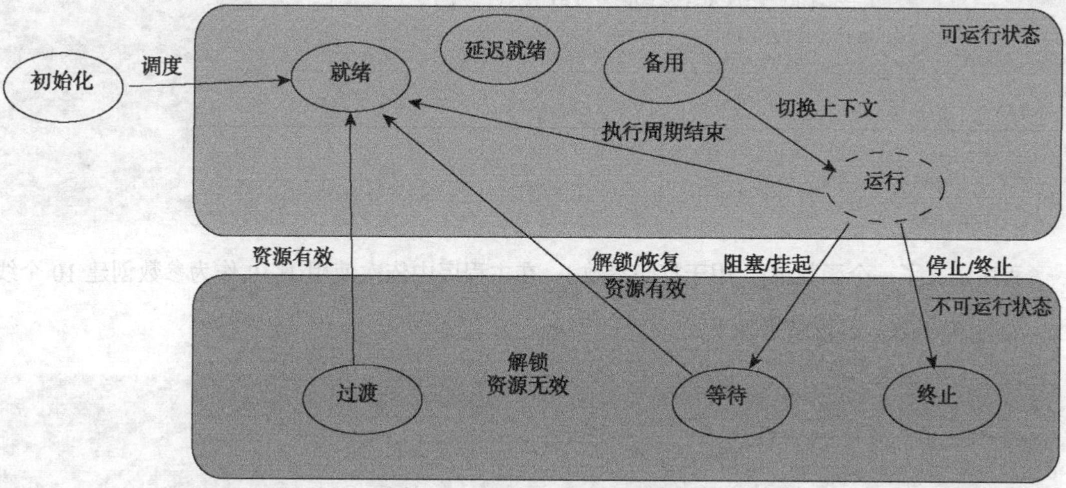

图 9-4　Windows 线程的状态切换

9.3.2　threading 模块

可以引用 threading 模块来管理线程。导入 threading 模块的方法如下：

```
import threading
```

1．创建和运行线程

在 threading 模块中可用 Thread 类来管理线程，创建线程对象的方法如下：

```
线程对象 = threading.Thread(target=线程函数,args=(参数列表), name=线程名, group=线程组)
```

线程名和线程组都可以省略。

创建线程后，通常需要调用线程对象的 setDaemon()方法将线程设置为守护线程。主线程执行完后，如果还有其他非守护线程，则主线程不会退出，会被无限挂起；必须将线程声明为守护线程之后，如果队列中的线程运行完了，那么整个程序不用等待就可以退出。setDaemon()函数的使用方法如下：

```
线程对象.setDaemon(是否设置为守护线程)
```

setDaemon()函数必须在运行线程之前被调用。调用线程对象的 start()方法可以运行线程。

【例 9-9】　线程编程的例子。

```
import threading


def f(i):
  print(" I am from a thread, num = %d \n" %(i))
```

```
def main():
    for i in range(1,10):
        t = threading.Thread(target=f,args=(i,))
        t.setDaemon(True)
        t.start()


if __name__ == "__main__":
    main()
```

程序定义了一个函数 f()，用于打印参数 i。在主程序中依次使用 1~10 作为参数创建 10 个线程，运行 f()函数。运行结果如下：

```
 I am from a thread, num = 1
 I am from a thread, num = 2
 I am from a thread, num = 5
 I am from a thread, num = 6
 I am from a thread, num = 4
 I am from a thread, num = 3

 I am from a thread, num = 7
 I am from a thread, num = 8
 I am from a thread, num = 9
```

可以看到，虽然线程的创建和启动是有顺序的，但是线程是并发运行的，所以哪个线程先执行完是不确定的。从运行结果可以看到，输出的数字也是没有规律的。而且在“I am from a thread, num = 3”的前面有一个>>>，说明主程序在此处已经退出了。

2. 阻塞进程

调用线程对象的 join()方法可以阻塞进程直到线程执行完毕，函数原型如下：

```
join(timeout=None)
```

参数 timeout 指定超时时间（单位为秒），超过指定时间 join 就不再阻塞进程了。

【例 9-10】 使用 join()方法阻塞进程直到线程执行完毕的例子。

```
import threading

def f(i):
  print(" I am from a thread, num = %d \n" %(i))

def main():
    for i in range(1,10):
        t = threading.Thread(target=f,args=(i,))
        t.setDaemon(True)
```

```
        t.start()

    t.join()
if __name__ == "__main__":
    main()
```

程序的运行结果如下：

```
I am from a thread, num = 1
I am from a thread, num = 4
I am from a thread, num = 5
I am from a thread, num = 6
I am from a thread, num = 2
I am from a thread, num = 3
I am from a thread, num = 7
I am from a thread, num = 8

I am from a thread, num = 9
```

可以看到，进程在所有线程结束后才退出。

3. 指令锁

当多个线程同时访问同一资源（比如全局变量）时，可能会出现访问冲突，

【例 9-11】 当多个线程同时访问同一全局变量时出现访问冲突的例子。

```
import threading
import time
num =0
def f():
   global num
   b = num
   time.sleep(0.0001)
   num = b + 1
   print('%s \n' % threading.currentThread().getName())

def main():
    for i in range(1,20):
        t = threading.Thread(target=f)
        t.setDaemon(True)
        t.start()
        t.join()
    print(num)
if __name__ == "__main__":
    main()
```

程序的运行结果如下：

```
Thread-1
Thread-2
Thread-3
Thread-4
Thread-5
Thread-6
Thread-7
Thread-8
Thread-9
Thread-10
Thread-11
Thread-12
Thread-13
Thread-14
Thread-15
Thread-16
Thread-17
Thread-18
Thread-19
19
```

程序定义了一个 f()函数。在 f()函数中定义了一个全局变量 num。程序首先将 num 赋值到局部变量 b 中，然后休眠 0.0001 秒（模拟程序执行其他操作），再将 b+1 复制到 num 中。

在主程序中，使用循环语句 19 次启动线程，执行 f()函数。因为线程是并发执行的，所以在有的线程休眠时，其他线程可能已经修改了全局变量 num 的值，而此时局部变量 b 中还保存着原来的 num 值，从而造成程序的逻辑错误。

从结果看，有 19 次输出调用了线程，而且每次调用线程都将全局变量 num 加 1，在主程序中输出 num 的值，结果为 19。

提示　threading.currentThread()可以获得当前运行的线程对象。threading. CurrentThread().getName()可以获得当前运行的线程对象名。

可以使用锁来限制线程同时访问同一资源。指令锁（Lock）是可用的最低级的同步指令。Lock 处于锁定状态时，不能被特定的线程所拥有。当线程申请一个处于锁定状态的锁时，线程会被阻塞，直至该锁被释放。因此，可以在访问全局变量之前申请一个指令锁，在访问全局变量之后释放一个指令锁，这样就可以避免多个线程同时访问全局变量。

可以使用 threading.Lock()方法创建一个指令锁，例如：

```
lock = threading.Lock()
```

使用指令锁对象的 acquire()方法可以申请指令锁，语法如下：

```
acquire([timeout])
```

timeout 是可选参数，用于指定指令锁的锁定时间。调用 acquire([timeout])时，线程将一直阻塞，直到获得锁或者直到 timeout 秒后执行。

使用指令锁对象的 release()方法可以释放指令锁。

【例 9-12】　改进【例 9-11】，使用指令锁避免多个线程同时访问全局变量。

```
import threading
import time
lock = threading.Lock() # 创建一个指令锁
num =0
def f():
    global num
    if lock.acquire():
        print('%s 获得指令锁.' % threading.currentThread().getName())
        b= num
        time.sleep(0.0001)
        num=b+1
        lock.release()# 释放指令锁
        print('%s 释放指令锁.' % threading.currentThread().getName())
    print('%s \n' % threading.currentThread().getName())

def main():
    for i in range(1,20):
        t = threading.Thread(target=f)
```

```
        t.setDaemon(True)
        t.start()
        t.join()
    print(num)
if __name__ == "__main__":
    main()
```

程序的运行结果如下：

```
Thread-1 获得指令锁.
Thread-1 释放指令锁.
Thread-1

Thread-2 获得指令锁.
Thread-2 释放指令锁.
Thread-2

Thread-3 获得指令锁.
Thread-3 释放指令锁.
Thread-3

Thread-4 获得指令锁.
Thread-4 释放指令锁.
Thread-4

Thread-5 获得指令锁.
Thread-5 释放指令锁.
Thread-5

Thread-6 获得指令锁.
Thread-6 释放指令锁.
Thread-6

Thread-7 获得指令锁.
Thread-7 释放指令锁.
Thread-7

Thread-8 获得指令锁.
Thread-8 释放指令锁.
Thread-8

Thread-9 获得指令锁.
Thread-9 释放指令锁.
Thread-9

Thread-10 获得指令锁.
```

```
Thread-10 释放指令锁.
Thread-10

Thread-11 获得指令锁.
Thread-11 释放指令锁.
Thread-11

Thread-12 获得指令锁.
Thread-12 释放指令锁.
Thread-12

Thread-13 获得指令锁.
Thread-13 释放指令锁.
Thread-13

Thread-14 获得指令锁.
Thread-14 释放指令锁.
Thread-14

Thread-15 获得指令锁.
Thread-15 释放指令锁.
Thread-15

Thread-16 获得指令锁.
Thread-16 释放指令锁.
Thread-16

Thread-17 获得指令锁.
Thread-17 释放指令锁.
Thread-17

Thread-18 获得指令锁.
Thread-18 释放指令锁.
Thread-18

Thread-19 获得指令锁.
Thread-19 释放指令锁.
Thread-19

19
```

多次运行，确认结果都一致，对全局变量 num 的计数等于 19，没有出现冲突，达到了预期的效果。

4. 可重入锁

使用指令锁可以避免多个线程同时访问全局变量。但是，如果一个线程里面有递归函数，则它可能会多次请求访问全局变量，此时，即使线程已经获得指令锁，在它再次申请指令锁时也会被阻塞。

此时可以使用可重入锁（RLock）。每个可重入锁都关联一个请求计数器和一个占有它的线程。当请求计数器为 0 时，这个锁可以被一个线程请求得到并把锁的请求计数加 1。如果同一个线程再次请求这个锁时，请求计数器就会增加；当该线程释放 RLock 时，其计数器减 1，当计数器为 0 时，锁被释放。

可以使用 threading.RLock()方法创建一个可重入锁，例如：

```
lock = threading.RLock()
```

使用 acquire()方法可以申请可重入锁，使用 release()方法可以释放可重入锁。具体用法与指令锁相似。

【例 9-13】 使用可重入锁的例子。

```
import threading
import time
lock = threading.RLock() # 创建一个可重入锁锁
num =0
def f():
    global num
    # 第一次请求锁定
    if lock.acquire():
        print('%s 获得可重入锁.\n' %(threading.currentThread().getName()))
        time.sleep(0.0001)
        # 第 2 次请求锁定
        if lock.acquire():
            print('%s 获得可重入锁.\n' %(threading.currentThread().getName()))
            time.sleep(0.0001)
            lock.release()# 释放指令锁
            print('%s 释放指令锁.\n' %(threading.currentThread().getName()))
        time.sleep(0.0001)
        print('%s 释放指令锁.\n' %(threading.currentThread().getName()))
        lock.release()# 释放指令锁


def main():
    for i in range(1,20):
        t = threading.Thread(target=f)
        t.setDaemon(True)
        t.start()
        t.join()
    print(num)
if __name__ == "__main__":
```

```
main()
```

程序的运行结果如下：

```
Thread-1 获得可重入锁.
Thread-1 获得可重入锁.
Thread-1 释放指令锁.
Thread-1 释放指令锁.
Thread-2 获得可重入锁.
Thread-2 获得可重入锁.
Thread-2 释放指令锁.
Thread-2 释放指令锁.
Thread-3 获得可重入锁.
Thread-3 获得可重入锁.
Thread-3 释放指令锁.
Thread-3 释放指令锁.
Thread-4 获得可重入锁.
Thread-4 获得可重入锁.
Thread-4 释放指令锁.
Thread-4 释放指令锁.
Thread-5 获得可重入锁.
Thread-5 获得可重入锁.
Thread-5 释放指令锁.
Thread-5 释放指令锁.
Thread-6 获得可重入锁.
```

```
Thread-6 获得可重入锁.
Thread-6 释放指令锁.
Thread-6 释放指令锁.
Thread-7 获得可重入锁.
Thread-7 获得可重入锁.
Thread-7 释放指令锁.
Thread-7 释放指令锁.
Thread-8 获得可重入锁.
Thread-8 获得可重入锁.
Thread-8 释放指令锁.
Thread-8 释放指令锁.
Thread-9 获得可重入锁.
Thread-9 获得可重入锁.
Thread-9 释放指令锁.
Thread-9 释放指令锁.
Thread-10 获得可重入锁.
Thread-10 获得可重入锁.
Thread-10 释放指令锁.
Thread-10 释放指令锁.
Thread-11 获得可重入锁.
Thread-11 获得可重入锁.
Thread-11 释放指令锁.
Thread-11 释放指令锁.
```

```
Thread-12 获得可重入锁.
Thread-12 获得可重入锁.
Thread-12 释放指令锁.
Thread-12 释放指令锁.
Thread-13 获得可重入锁.
Thread-13 获得可重入锁.
Thread-13 释放指令锁.
Thread-13 释放指令锁.
Thread-14 获得可重入锁.
Thread-14 获得可重入锁.
Thread-14 释放指令锁.
Thread-14 释放指令锁.
Thread-15 获得可重入锁.
Thread-15 获得可重入锁.
Thread-15 释放指令锁.
Thread-15 释放指令锁.
Thread-16 获得可重入锁.
Thread-16 获得可重入锁.
Thread-16 释放指令锁.
Thread-16 释放指令锁.
Thread-17 获得可重入锁.
Thread-17 获得可重入锁.
Thread-17 释放指令锁.
```

```
Thread-17 释放指令锁.

Thread-18 获得可重入锁.

Thread-18 获得可重入锁.

Thread-18 释放指令锁.

Thread-18 释放指令锁.

Thread-19 获得可重入锁.

Thread-19 获得可重入锁.

Thread-19 释放指令锁.

Thread-19 释放指令锁.

0
```

多次运行，确认结果都一致。可以看到，当一个线程获取可重入锁后，它自身还可以申请到该锁，而其他线程则无法获取，直至该锁被彻底释放。

5. 信号量

信号量（Semaphore），有时被称为信号灯，是在多线程环境下使用的一种机制，可以用来保证两个或多个关键代码段不被并发调用。在进入一个关键代码段之前，线程必须获取一个信号量；一旦该关键代码段完成了，那么该线程必须释放信号量。信号量管理一个内置的计数器，每当调用 acquire()方法时，计数器减 1；调用 release()方法时，计数器加 1。计数器不能小于 0，当计数器为 0 时，调用 acquire()方法将阻塞线程至同步锁定状态，直到其他线程调用 release()方法。通常使用信号量来同步一些有“访客上限”的对象，比如连接池。

创建信号量对象的方法如下：

```
信号量对象 = threading.Semaphore(计数器初值)
```

例如，使用下面的语句可以创建一个计数器初值为 2 的信号量对象 s。

```
s = threading.Semaphore(2)
```

使用 acquire()方法可以申请信号量，使用 release()方法可以释放信号量。具体用法与指令锁相似。

【例 9-14】 使用信号量的例子。

```
import threading
import time
```

```
s = threading. Semaphore(2) # 创建一个计数器初值为 2 的信号量对象 s
num =0
def f():
    global num
    # 第一次请求锁定
    if s.acquire():
        print('%s 获得信号量.\n' %(threading.currentThread().getName()))
        time.sleep(0.0001)
        print('%s 释放信号量.\n' %(threading.currentThread().getName()))
        s.release()# 释放指令锁


def main():
    for i in range(1,20):
        t = threading.Thread(target=f)
        t.setDaemon(True)
        t.start()
        t.join()
if __name__ == "__main__":
    main()
```

程序的运行结果如下：

```
Thread-1 获得信号量.

Thread-1 释放信号量.

Thread-2 获得信号量.

Thread-2 释放信号量.

Thread-3 获得信号量.

Thread-3 释放信号量.

Thread-4 获得信号量.

Thread-4 释放信号量.

Thread-5 获得信号量.

Thread-5 释放信号量.

Thread-6 获得信号量.

Thread-6 释放信号量.
```

```
Thread-7 获得信号量.
Thread-7 释放信号量.
Thread-8 获得信号量.
Thread-8 释放信号量.
Thread-9 获得信号量.
Thread-9 释放信号量.
Thread-10 获得信号量.
Thread-10 释放信号量.
Thread-11 获得信号量.
Thread-11 释放信号量.
Thread-12 获得信号量.
Thread-12 释放信号量.
Thread-13 获得信号量.
Thread-13 释放信号量.
Thread-14 获得信号量.
Thread-14 释放信号量.
Thread-15 获得信号量.
Thread-15 释放信号量.
Thread-16 获得信号量.
Thread-16 释放信号量.
Thread-17 获得信号量.
Thread-17 释放信号量.
Thread-18 获得信号量.
```

```
Thread-18 释放信号量.

Thread-19 获得信号量.

Thread-19 释放信号量.
```

因为信号量计数器等于 2，所以线程获得和释放信号量都是两个一组。

6. 事件

事件是线程通信的一种机制，一个线程通知事件，其他线程等待事件。事件对象内置一个标记（初始值为 False），在线程中根据事件对象的标记决定继续运行或阻塞。事件对象中与内置标记有关的方法如下。

- set()：将内置标记设置为 True。
- clear()：将内置标记设置为 False。
- wait()：阻塞线程至事件对象的内置标记被设置为 True。

【例 9-15】　使用事件的例子。

```
import threading
import time
e = threading.Event() # 创建一个事件对象 e
def f1():
    print('%s start.\n' %(threading.currentThread().getName()))
    time.sleep(5)
    print('触发事件.\n')
    e.set()

def f2():
    e.wait()
    print('%s start.\n' %(threading.currentThread().getName()))


def main():
    t1 = threading.Thread(target=f1)
    t1.setDaemon(True)
    t1.start()
    t2 = threading.Thread(target=f2)
    t2.setDaemon(True)
    t2.start()

if __name__ == "__main__":
    main()
```

程序中定义了一个事件对象 e。在 f1()函数中休眠 5 秒，然后调用 set()方法，将事件对象 e 的内置标记设置为 True，从而触发事件；在 f2()函数中调用 e.wait()方法等待事件对象 e 被触发。程序的运行结果如下：

```
Thread-1 start.

触发事件.

Thread-2 start.
```

线程 1 运行 5 秒后触发事件 e，随后线程 2 继续运行。可见，可以使用事件对象实现线程间的通信。

7. 定时器

定时器（Timer）是 Thread 的派生类，用于在指定时间后调用一个函数，具体方法如下：

```
timer = threading.Timer(指定时间 t, 函数 f)
timer.start()
```

执行 timer.start()后，程序会在指定时间 t 后启动线程执行函数 f。

【例 9-16】 使用 Timer 的例子。

```
import threading
import time

def func():
    print(time.ctime())
print(time.ctime())
timer = threading.Timer(1, func)
timer.start()
```

例 9-16 中定义了一个 func()函数，用于打印当前系统时间。程序首先打印当前系统时间，然后使用定时器（Timer）在 1 秒后调用 func()函数。运行结果如下：

```
Tue Jan 13 21:41:55 2015
>>> Tue Jan 13 21:41:56 2015
```

可以看到，两个时间正好间隔 1 秒。

习 题

一、选择题

1. 可以引用（　　）模块来管理进程。

A．subprocess　　B．process　　C．threading　　D．thread

2．不能用于创建进程的方法为（　　）。

A．subprocess　　B．subprocess.Popen()函数

C．CreateProcess()函数　　D．NewProcess()函数

3．Python 的（　　）库赋予了 Python 类似于 C 语言一样的底层操作能力。

A．clib　　B．clanguange　　C．cpython　　D．ctype

4．使用指令锁对象的（　　）方法可以申请指令锁。

A．Lock()　　B．acquire()　　C．apply()　　D．release()

5．通常使用（　　）来同步一些有“访客上限”的对象，比如连接池。

A．指令锁　　B．可重入锁　　C．事件　　D．信号量

二、填空题

1．每个进程至少包含一个________，它从主程序开始执行，直到退出程序。

2．调用 Windows API__________()可以获取当前系统运行进程的快照（snapshot），也就是运行进程的列表，其中包含进程标示符及其对应的可执行文件等信息。

3．在 Python 中，可以通过执行____________命令来终止进程。

4．可以引用______________模块来管理线程。

三、简答题

1．简述什么是进程。

2．简述 Windows 进程由哪几个部分组成。

3．简述什么是线程。

第10章 网络编程

随着 Internet 技术的应用和普及，人类社会已经进入网络时代。目前，大多数应用程序都是运行在网络环境下，开发网络应用程序也成为了程序员的必备技能。本章将介绍 Python 网络编程的方法。

10.1 网络通信模型和TCP/IP 协议簇

Internet 可以把世界上各种类型、品牌的硬件和软件都集成在一起，实现互联和通信。如果没有统一的标准协议和接口，这一点是无法做到的。为了推动 Internet 的发展和普及，国际标准化组织制定了各种网络模型和标准协议，本节将介绍通用的 OSI 参考模型和 TCP/IP 层次模型。了解这些网络模型和通信协议的基本工作原理是管理和配置网络、开发网络应用程序的基础。

10.1.1 OSI 参考模型

国际标准化组织（International Organization for Standardization，ISO）是一个全球性的非政府组织，是国际标准化领域中十分重要的机构。为了使不同品牌和不同操作系统的网络设备（主机）能够在网络中相互通信，ISO 于 1981 年制定了“开放系统互连参考模型”，即 Open System Interconnection Reference Model，简称为 OSI 参考模型。

OSI 参考模型将网络通信的工作划分为 7 个层次，由低到高分别为物理层（Physical Layer）、数据链路层（Data Link Layer）、网络层（Network Layer）、传输层（Transport Layer）、会话层（Session Layer）、表示层（Presentation Layer）和应用层（Application Layer），如图 10-1 所示。

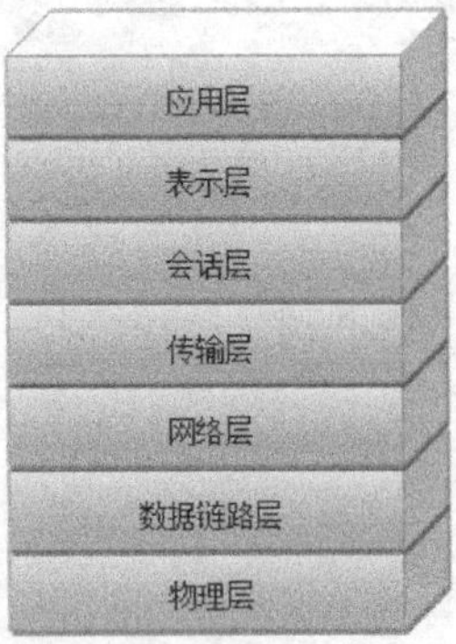

图 10-1 OSI 参考模型

物理层、数据链路层和网络层属于 OSI 参考模型中的低 3 层，负责创建网络通信连接的链路；其他 4 层负责端到端的数据通信。每一层都完成特定的功能，并为其上层提供服务。

在网络通信中，发送端自上而下使用 OSI 参考模型，对应用程序要发送的信息进行逐层打包，直至在物理层将其发送到网络中；而接收端则自下而上使用 OSI 参考模型，将收到的物理数据逐层解析，最后将得到的数据传送给应用程序。具体过程如图 10-2 所示。

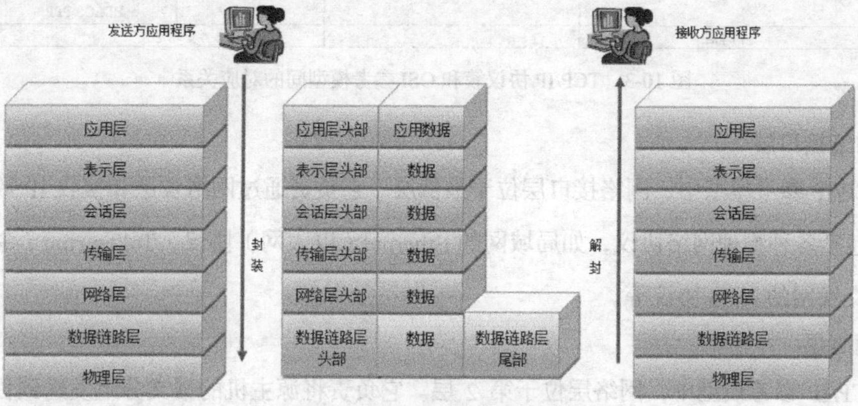

图 10-2　OSI 参考模型的通信过程

当然，并不是所有的网络通信都需要经过 OSI 模型的全部 7 层。例如，同一网段的二层交换机之间通信需要经过数据链路层和物理层，而路由器之间的连接则只需要网络层、数据链路层和物理层即可。在发送方封装数据的过程中，每一层都会为数据包加上一个头部；在接收方解封数据时，又会逐层解析掉这个头部。因此，双方的通信必须在对等层次上进行，否则接收方将无法正确地解析数据。

在 OSI 参考模型中，对等层协议之间交换的信息单元统称为协议数据单元（Protocol Data Unit，PDU）。而在传输层及其下面各层中，PDU 还有各自特定的名称，具体如表 10-1 所示。

表 10-1　PDU 在 OSI 参考模型中的特定名称

OSI 参考模型中的层次	PDU 的特定名称
传输层	数据段（Segment）
网络层	数据包（Packet）
数据链路层	数据帧（Frame）
物理层	比特（Bit）

10.1.2　TCP/IP 协议簇体系结构

TCP/IP 是 Internet 的基础网络通信协议，它规范了网络上所有网络设备之间数据往来的格式和传送方式。TCP 和 IP 是两个独立的协议，它们负责网络中数据的传输。TCP 位于 OSI 参考模型的传输层，而 IP 则位于网络层。

TCP/IP 中包含一组通信协议，因此被称为协议簇。TCP/IP 协议簇中包含网络接口层、网络层、传输层和应用层。TCP/IP 协议簇和 OSI 参考模型间的对应关系如图 10-3 所示。

OSI 参考模型	TCP/IP 协议簇	
应用层	应用层	FTP、Telnet SMTP、SNMP、NFS
表示层		
会话层		
传输层	传输层	TCP、UDP
网络层	网络层	IP、ICMP 、ARP、RARP
数据链路层	网络接口层	Ethernet 802.3、Token Ring 802.5、X.25、Frame reley、 HDLC、PPP
物理层	未定义	

图 10-3　TCP/IP 协议簇和 OSI 参考模型间的对应关系

1. 网络接口层

在 TCP/IP 参考模型中，网络接口层位于最低层。它负责通过网络发送和接收 IP 数据报。网络接口层包括各种物理网络协议，如局域网的 Ethernet（以太网）协议、Token ring（令牌环）协议、分组交换网的 X.25 协议等。

2. 网络层

在 TCP/IP 参考模型中，网络层位于第 2 层。它负责将源主机的报文分组发送到目的主机，源主机与目的主机可以在一个网段中，也可以在不同的网段中。

网络层包括下面 4 个核心协议。

● 网际协议（Internet Protocol，IP）：主要任务是对数据包进行寻址和路由，把数据包从一个网络转发到另一个网络。

● 网际控制报文协议（Internet Control Message Protocol，ICMP）：用于在 IP 主机和路由器之间传递控制消息。控制消息是指网络是否连通、主机是否可达、路由是否可用等网络本身的消息。这些控制消息虽然不传输用户数据，但是对于用户数据的传递起着重要的作用。

● 地址解析协议（Address Resolution Protocol，ARP）：可以通过 IP 地址得知其物理地址（Mac 地址）的协议。在 TCP/IP 网络环境下，每个主机都分配了一个 32 位的 IP 地址，这种互联网地址是在网际范围标识主机的一种逻辑地址。为了让报文在物理网络上传送，必须知道目的主机的物理地址。这样就存在把 IP 地址变换成物理地址的地址转换问题。

● 逆向地址解析协议（Reverse Address Resolution Protocol，RARP）：该协议用于完成物理地址向 IP 地址的转换。

3. 传输层

在 TCP/IP 参考模型中，传输层位于第 3 层。它负责在应用程序之间实现端到端的通信。传输层中定义了下面两种协议。

● TCP：是一种可靠的面向连接的协议，它允许将一台主机的字节流无差错地传送到目的主机。TCP 协议同时要完成流量控制功能，协调收发双方的发送与接收速度，达到正确传输的目的。

● UDP：是一种不可靠的无连接协议。与 TCP 相比，UDP 更加简单，数据传输速率也较高。当通信网的可靠性较高时，UDP 方式具有更高的优越性。

4. 应用层

在 TCP/IP 参考模型中，应用层位于最高层，其中包括了所有与网络相关的高层协议。常用的应用层协议说明如下。

- 网络终端协议（Teletype Network，Telnet）：用于实现网络中的远程登录功能。
- 文件传输协议（File Transfer Protocol，FTP）：用于实现网络中的交互式文件传输功能。
- 简单邮件传输协议（Simple Mail Transfer Protocol，SMTP）：用于实现网络中的电子邮件传送功能。
- 域名系统（Domain Name System，DNS）：用于实现网络设备名称到 IP 地址的映射。
- 简单网络管理协议（Simple Network Management Protocol，SNMP）：用于管理与监视网络设备。
- 路由信息协议（Routing Information Protocol，RIP）：用于在网络设备之间交换路由信息。
- 网络文件系统（Network File System，NFS）：用于实现网络中不同主机之间的文件共享。
- 超文本传输协议（Hyper Text Transfer Protocol，HTTP）：这是互联网上应用最为广泛的一种网络协议。所有的 WWW 文件都必须遵守这个标准。设计 HTTP 的最初目的是提供一种发布和接收 HTML 页面的方法。

10.2 Socket 编程

在开发网络应用程序时，最重要的问题就是如何实现不同主机之间的通信。在 TCP/IP 网络环境中，可以使用 Socket 接口来建立网络连接、实现主机之间的数据传输。本节将介绍使用 Socket 接口来编写网络应用程序的基本方法。

10.2.1 Socket 的工作原理和基本概念

Socket 的中文翻译是套接字，它是 TCP/IP 网络环境下应用程序与底层通信驱动程序之间运行的开发接口，它可以将应用程序与具体的 TCP/IP 隔离开来，使得应用程序不需要了解 TCP/IP 的具体细节就能够实现数据传输。

在网络应用程序中，实现基于 TCP 的网络通信与现实生活中打电话有很多相似之处。如果两个人希望通过电话进行沟通，则必须满足下面的条件。

（1）拨打电话的一方需要知道对方的电话号码。如果对方使用的是内部电话，则还需要知道分机号码。而被拨打的电话则不需要知道对方的号码。

（2）被拨打的电话号码必须已经启用，而且将电话线连接到电话机上。

（3）被拨打电话的主人有空闲时间可以接听电话，如果长期无人接听，则会自动挂断电话。

（4）双方必须使用相同的语言进行通话。这一条看似有些多余，但如果一个人说汉语，另一个却说英语，那是没有办法正常沟通的。

（5）在通话过程中，物理线路必须保持通畅，否则电话将会被挂断。

（6）在通话过程中，任何一方都可以主动挂断电话。

在网络应用程序中，Socket 通信是基于客户端/服务器结构的。客户端是发送数据的一方，而服务器则时刻准备着接收来自客户端的数据，并对客户端做出响应。下面是基于 TCP 的两个网络应用程序进行通信的基本过程。

（1）客户端（相当于拨打电话的一方）需要了解服务器的地址（相当于电话号码）。在 TCP/IP 网络环境中，可以使用 IP 地址来标识一个主机。但仅仅使用 IP 地址是不够的，如果一台主机中运行了多个网络应用程序，那么如何确定与哪个应用程序通信呢？在 Socket 通信过程中借用了 TCP 和 UDP 中端口的概念，不同的应用程序可以使用不同的端口进行通信，这样一个主机上就可以同时有多个应用程序进行网络通信了。这有些类似于电话分机的作用。

（2）服务器应用程序必须早于客户端应用程序启动，并在指定的 IP 地址和端口上执行监听操作。如果该端口被其他应用程序所占用，则服务器应用程序无法正常启动。服务器处于监听状态就类似于电话接通电话线、等待拨打的状态。

（3）客户端在申请发送数据时，服务器端应用程序必须有足够的时间响应才能进行正常通信。否则，就好像电话已经响了，但却无人接听一样。在通常情况下，服务器应用程序都需要具备同时处理多个客户端请求的能力，如果服务器应用程序设计得不合理或者客户端的访问量过大，都有可能出现无法及时响应客户端的情况。

（4）使用 Socket 协议进行通信的双方还必须使用相同的通信协议，Socket 支持的底层通信协议包括 TCP 和 UDP 两种。在通信过程中，双方还必须采用相同的字符编码格式，而且按照双方约定的方式进行通信。这就好像在通电话的时候双方都采用对方能理解的语言进行沟通一样。

（5）在通信过程中，物理网络必须保持畅通，否则通信将会中断。

（6）通信结束之前，服务器端和客户端应用程序都可以中断它们之间的连接。

为什么把网络编程接口叫作套接字（Socket）编程接口呢？Socket 这个词，字面上的意思是指凹槽、插座和插孔。这让人联想到电插座和电话插座，这些简单的设备，给我们带来了很大的方便。

TCP 是基于连接的通信协议，两台计算机之间需要建立稳定可靠的连接，并在该连接上实现可靠的数据传输。如果 Socket 通信是基于 UDP 的，则数据传输之前并不需要建立连接，这就好像发电报或者发短信一样，即使对方不在线，也可以发送数据，但并不能保证对方一定会收到数据。UDP 提供了超时和重试机制，如果发送数据后指定的时间内没有得到对方的响应，则视为操作超时，而且应用程序可以指定在超时后重新发送数据的次数。

Socket 编程的层次结构如图 10-4 所示。可以看到，Socket 开发接口位于应用层和传输层之间，可以选择 TCP 和 UDP 两种传输层协议实现网络通信。

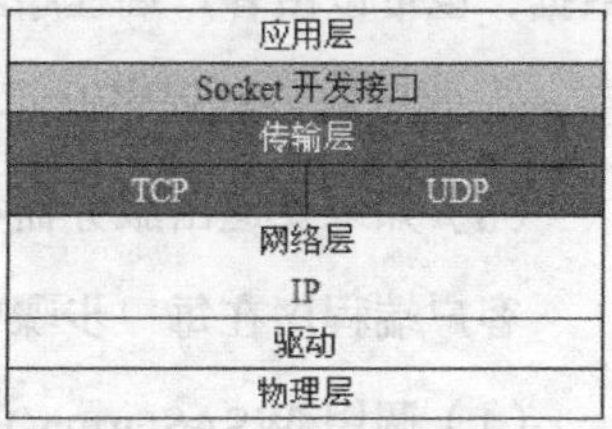

图 10-4　Socket 编程的层次结构

10.2.2　基于 TCP 的 Socket 编程

Python 可以通过 socket 模块实现 Socket 编程。在开始 Socket 编程之前，需要导入 socket 模块，代码如下：

```
import socket
```

面向连接的 Socket 通信是基于 TCP 的。网络中的两个进程以客户机/服务器模式进行通信，具体步骤如图 10-5 所示。

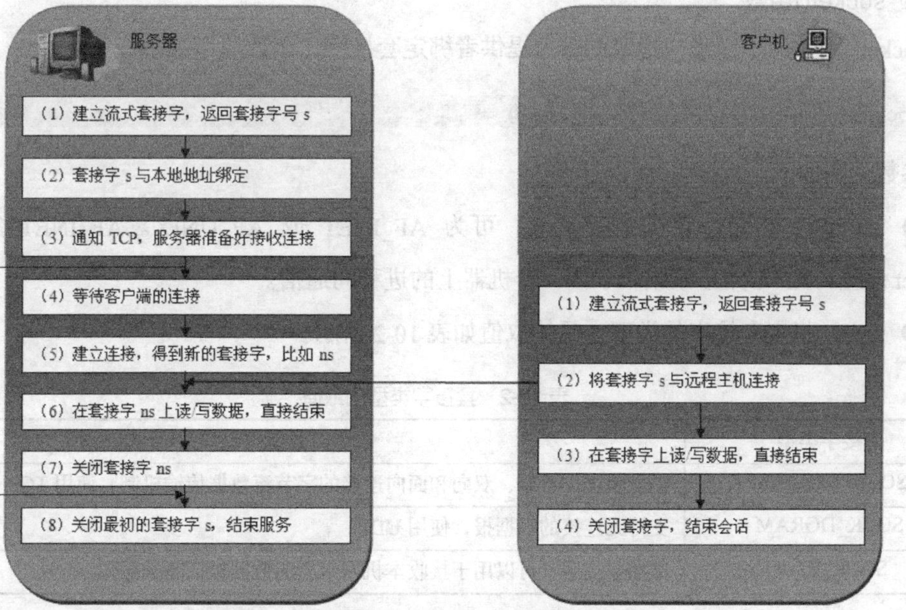

图 10-5　服务器和客户机进程实现面向连接的 Socket 通信的过程

服务器程序要先于客户机程序启动，每个步骤中调用的 Socket 函数如下。

（1）调用 socket()函数创建一个流式套接字，返回套接字号 s。

（2）调用 bind()函数将套接字 s 绑定到一个已知的地址，通常为本地 IP 地址。

（3）调用 listen()函数将套接字 s 设置为监听模式，准备好接收来自各个客户机的连接请求。

（4）调用 accept()函数等待接收客户端的连接请求。

（5）如果接收到客户端的请求，则 accept()函数返回，得到新的套接字 ns。

（6）调用 recv()函数接收来自客户端的数据，调用 send()函数向客户端发送数据。

（7）与客户端的通信结束后，服务器程序可以调用 shutdown()函数通知对方不再发送或接收数据，也可以由客户端程序断开连接。断开连接后，服务器进程调用 closesocket()函数关闭套接字 ns。此后服务器程序返回第（4）步，继续等待客户端进程的连接。

（8）如果要退出服务器程序，则调用 closesocket()函数关闭最初的套接字 s。

客户端程序在每一步骤中使用的函数如下。

（1）调用 WSAStartup()函数加载 Windows Sockets 动态库，然后调用 socket()函数创建一个流式套接字，返回套接字号 s。

（2）调用 connect()函数将套接字 s 连接到服务器。

（3）调用 send()函数向服务器发送数据，调用 recv()函数接收来自服务器的数据。

（4）与服务器的通信结束后，客户端程序可以调用 close()函数关闭套接字。

这些函数都在 socket 模块中定义。下面将具体介绍这些函数的使用方法。

1. socket()函数

socket()函数用于创建与指定的服务提供者绑定套接字，函数原型如下：

```
socket=socket.socket(familly,type)
```

参数说明如下。

- familly：指定协议的地址家族，可为 AF_INET 或 AF_UNIX。AF_INET 家族包括 Internet 地址，AF_UNIX 家族用于同一台机器上的进程间通信。
- type：指定套接字的类型，具体取值如表 10-2 所示。

表 10-2　套接字类型的取值

套接字类型	说明
SOCK_STREAM	提供顺序、可靠、双向和面向连接的字节流数据传输机制，使用 TCP
SOCK_DGRAM	支持无连接的数据报，使用 UDP
SOCK_RAW	原始套接字，可以用于接收本机网卡上的数据帧或者数据包

如果函数执行成功，则返回新 Socket 的句柄。

2. bind()函数

bind()函数可以将本地地址与一个 Socket 绑定在一起，函数原型如下：

```
socket.bind( address )
```

参数 address 是一个双元素元组，格式是(host,port)。host 代表主机，port 代表端口号。

如果端口号正在使用、主机名不正确或端口已被保留，则 bind()函数将引发 socket.error 异常。

bind()函数应用在未连接的 Socket 上，在调用 connect()函数和 listen()函数之前被调用。它既可以应用于基于连接的流 Socket，也可以应用于无连接的数据报套接字。当调用 socket()函数创建 Socket 后，该 Socket 就存在于一个命名空间中，但并没有为其指定一个名称。调用 bind()函数可以为未命名的 Socket 指定一个名称。

当使用 Internet 地址家族时，名称由地址家族、主机地址和端口号 3 部分组成。

3. listen()函数

listen()函数可以将套接字设置为监听接入连接的状态，函数原型如下：

```
listen(backlog)
```

参数 backlog 指定等待连接队列的最大长度。

客户端的连接请求必须排队，如果队列已满，则服务器会拒绝请求。

4. accept()函数

在服务器端调用 listen()函数监听接入连接后，可以调用 accept()函数来等待接受连接请求。accept()的函数原型如下：

```
connection, address = socket.accept()
```

调用 accept()函数后，socket 会进入 waiting 状态。客户请求连接时，accept()函数会建立连接并返回服务器。accept()函数返回一个含有两个元素的元组(connection,address)。第一个元素 connection 是新的 socket 对象，服务器必须通过它与客户通信；第二个元素 address 是客户的 Internet 地址。

5. recv()函数

调用 recv()函数可以从已连接的 Socket 中接收数据。recv()的函数原型如下：

```
buf = sock.recv(size)
```

sock 是接收数据的 socket 对象，参数 size 指定接收数据的缓冲区的大小。recv()函数返回接收的数据。

6. send()函数

调用 send()函数可以在已连接的 Socket 上发送数据。send()的函数原型如下：

```
sock.send(buf)
```

sock 是发送数据的 socket 对象，参数 buf 是发送的数据。

7. close ()函数

close ()函数用于关闭一个 Socket，释放其所占用的所有资源。socket()的函数原型如下：

```
s.closesocket()
```

s 表示要关闭的 Socket。

【例 10-1】 一个使用 Socket 进行通信的简易服务器。

```
if __name__ == '__main__':
    import socket
    #创建 socket 对象
    sock = socket.socket(socket.AF_INET, socket.SOCK_STREAM)

# 绑定到本地的 8001 端口
    sock.bind(('localhost', 8001))
    # 在本地的 8001 端口上监听，等待连接队列的最大长度为 5
    sock.listen(5)
    while True:

#接受来自客户端的连接
        connection,address = sock.accept()
        try:
            connection.settimeout(5)
            buf = connection.recv(1024).decode('utf-8')  #接收客户端的数据
            if buf == '1':  # 如果接收到'1'
                connection.send(b'welcome to server!')
            else:
                connection.send(b'please go out!')
        except socket.timeout:
            print('time out')
        connection.close()
```

服务器程序在本地（'localhost'）的 8001 端口上监听，如果有客户端连接，并且发送数据“1”，则向客户端发送“welcome to server!”，否则向客户端发送“please go out!”。具体情况请参照注释理解。

【例 10-2】 一个使用 Socket 进行通信的简易客户端。

```
if __name__ == '__main__':
    import socket
    # 创建 socket 对象
    sock = socket.socket(socket.AF_INET, socket.SOCK_STREAM)

# 连接到本地的 8001 端口
    sock.connect(('localhost', 8001))
    import time
```

```
    time.sleep(2)
    #向服务器发送字符'1'
    sock.send(b'1')
    #打印从服务器接收的数据
    print(sock.recv(1024).decode('utf-8'))
    sock.close()
```

程序连接到本地（'localhost'）的 8001 端口。连接成功后发送数据“1”，然后打印服务器回传的数据。请参照注释理解。

10.2.3　基于 UDP 的 Socket 编程

基于 UDP 的 Socket 通信具体步骤如图 10-6 所示。

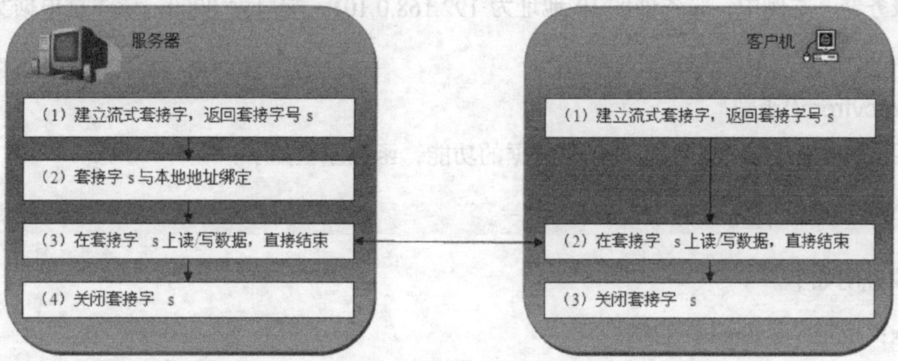

图 10-6　服务器程序和客户机进程实现面向非连接的 Socket 通信的过程

可以看到，面向非连接的 Socket 通信流程比较简单，在服务器程序中不需要调用 listen()函数和 accept()函数来等待客户端的连接；在客户端程序中也不需要与服务器建立连接，而是直接向服务器发送数据。

1. sendto()函数

使用 sendto()函数可以实现发送数据的功能，函数原型如下：

```
s.sendto(data, (addr, port))
```

参数说明如下。

- s：指定一个 Socket 句柄。
- data：要传输数据。
- addr：接收数据的计算机的 IP 地址。
- port：接收数据的计算机的端口。

【例 10-3】　演示使用 sendto()函数发送数据报的方法，代码如下：

```
import socket
#创建 UDP SOCKET
```

```
s = socket.socket(socket.AF_INET,socket.SOCK_DGRAM)
port = 8000 #服务器端口
host = '192.168.0.101'#服务器地址
while True:
    msg = input()# 接受用户输入
    if not msg:
        break
    # 发送数据
    s.sendto(msg.encode(),(host,port))
s.close()
```

在创建基于 UDP 的 Socket 对象时，需要使用 socket.SOCK_DGRAM 参数。

程序调用 input()函数接收用户输入，然后调用 sendto()函数将用户输入的用户输入的字符串发送至服务器。本例中，服务器的 IP 地址为 192.168.0.101，端口为 8000，请注意根据实际情况修改。

2. recvfrom()函数

使用 recvfrom ()函数可以实现接收数据的功能，函数原型如下：

```
data,addr = s.recvfrom( bufsize)
```

参数说明如下。

- s：指定一个 Socket 句柄。
- bufsize：接收数据的缓冲区的长度，单位为字节。
- data：接收数据的缓冲区。
- addr：发送数据的客户端的地址。

【例 10-4】 演示使用 recvfrom()函数接收数据报的方法。

代码如下：

```
import socket
s = socket.socket(socket.AF_INET,socket.SOCK_DGRAM)
s.bind(('192.168.0.101',8000))
while True:
    data,addr = s.recvfrom(1024)
    if not data:
        print('client has exited!')
        break
    print('received:',data,'from',addr)
s.close()
```

程序首先创建一个基于 UDP 的 Socket 对象，然后绑定到 192.168.0.101（请注意根据实际情况修改），监听端口为 8000，然后循环调用 recvfrom()函数接收客户端发送来的数据。

10.3　电子邮件编程

本节介绍使用 Python 编写程序来实现发送和接收电子邮件。

10.3.1　SMTP 编程

简单邮件传输协议（Simple Mail Transfer Protocol，SMTP）是一组用于由源地址到目的地址传送邮件的规则，可以控制信件的中转方式。SMTP 属于 TCP/IP 协议簇，通过 SMTP 所指定的服务器，就可以把 E-mail 发送到收信人的服务器上了。本节介绍 Python SMTP 编程的方法。

通过 SMTP 发送 E-mail，通常需要提供如下信息。

- SMTP 服务器，不同的邮件提供商都有自己的 SMTP 服务器。例如，新浪的 SMTP 服务器为 smtp.sina.com。
- 发件人 E-mail 账号。
- 收件人 E-mail 账号。
- 发件人用户名（通常与 E-mail 账号是对应的。例如，如果发件人 E-mail 账号为 myemail@sina.com，则发件人用户名为 myemail）。
- 发件人 E-mail 密码。

使用 smtplib 模块实现 SMTP 编程，因此在使用 Python 发送 E-mail 时需要首先导入 smtplib 模块，代码如下：

```
import smtplib
```

1. 连接到 SMTP 服务器

在发送 E-mail 之前首先需要连接到 SMTP 服务器，方法如下：

```
s = smtplib.SMTP(server)
```

server 是要连接的 SMTP 服务器。返回值 s 是 SMTP 服务器对象，以后就可以通过 s 与 SMTP 服务器交互了。

2. 执行 EHLO 命令

在发送 E-mail 时，客户应该以 EHLO 命令开始 SMTP 会话。如果命令成功，则服务器返回代码 250（通常在 200 ~ 299 之间都是正确的返回值）。

执行 EHLO 命令的方法如下：

```
s.ehlo()
```

s 是 SMTP 服务器对象。ehlo()函数返回一个元组，其内容为 SMTP 服务器的响应。元组的第 1 个元素是服务器返回的代码。

【例 10-5】 演示使用 ehlo()函数执行 EHLO 命令的方法。

代码如下：

```
import smtplib
s = smtplib.SMTP("smtp.sina.com")      #连接到服务器
msg = s.ehlo()
code = msg[0]           #返回服务器的特性
print(msg)
print("SMTP 的返回代码为 %d"  %(code))
```

程序首先连接到新浪的 SMTP 服务器 smtp.sina.com，得到服务器对象 s，然后调用 s.ehlo()函数执行 EHLO 命令，并打印返回结果。运行结果如下：

```
(250, b'smtp-5-123.smtpsmail.fmail.xd.sinanode.com\nAUTH LOGIN PLAIN\nAUTH=LOGIN PLAIN\nSTARTTLS\n8BITMIME')
SMTP 的返回代码为 250
```

如果服务器没有正常回应 EHLO 命令（比如，返回代码不在 200 到 299 之间），则可以抛出 SMTPHeloError 异常，方法如下：

```
raise SMTPHeloError(code,resp)
```

code 是返回代码，resp 是对应的响应信息。

3. 判断 SMTP 服务器是否支持指定属性

使用 has_extn()函数可以判断 SMTP 服务器是否支持指定属性，语法如下：

```
SMTP 服务器对象.has_extn(属性名)
```

常用的属性如下。

- size：获得服务器允许发送邮件的大小。
- starttls：获得服务器是否支持 TLS。
- auth：获得服务器是否支持认证。

出于安全考虑，很多 SMTP 服务器都屏蔽了该指令。

【例 10-6】 演示使用 has_extn()函数判断 SMTP 服务器是否支持指定属性的方法。

代码如下：

```
#server = sys.argv[1] 第 1 个参数是 SMTP 服务器
#fromaddr = sys.argv[2] 第 2 个参数是发件人地址
#toaddr = sys.argv[3] 第 3 个参数是收件人地址


import smtplib
s = smtplib.SMTP("smtp.sina.com")      #连接到服务器
```

```
print("服务器允许发送邮件的大小： %s" %(s.has_extn('size')))
print("服务器是否支持 TLS： %s" %(s.has_extn('starttls')))
print("服务器是否支持认证： %s" %(s.has_extn('auth')))
```

程序首先连接到新浪的 SMTP 服务器为 smtp.sina.com，得到服务器对象 s，然后调用 s.has_extn()函数判断 SMTP 服务器是否支持 size、starttls 和 auth 等属性。运行结果如下：

```
服务器允许发送邮件的大小： False
服务器是否支持 TLS： False
服务器是否支持认证： False
```

可见新浪 SMTP 服务器屏蔽了.has_extn 指令。

4. 发送邮件

调用 sendmail()函数可以发送邮件，方法如下：

```
SMTP 服务器对象.sendmail(发件人地址，收件人地址，邮件内容)
```

【例 10-7】 演示使用 sendmail ()函数发送邮件的方法。

本实例通过命令行参数指定 SMTP 服务器、发件人 E-mail 账号和收件人 E-mail 账号。执行的方法如下：

```
python 例 10-7.py server fromaddr toaddr
```

其中，server 指定 SMTP 服务器，fromaddr 指定发件人 E-mail 账号，toaddr 指定收件人 E-mail 账号。接收命令行参数的代码如下：

```
if len(sys.argv) < 4:
   print("[*]usage:%s server fromaddr toaddr " % sys.argv[0])
   sys.exit(1)

server = sys.argv[1] #第 1 个参数是 SMTP 服务器
fromaddr = sys.argv[2]#第 2 个参数是发件人地址
toaddr = sys.argv[3]#第 3 个参数是收件人地址
```

定义邮件的内容，代码如下：

```
message = """
TO: %s
From: %s
Subject: 测试邮件

Hello ,这是一个简单的 SMTP Email 例子.
""" % (toaddr,fromaddr)
```

定义 auth_login()函数，用于登录邮件服务器并发送邮件，代码如下：

```
def auth_login():
```

```
    """当发送邮件时，服务器需要验证，则输入用户名密码方可发送邮件"""

    print("输入用户名：")
    username = input()
    password = getpass("输入密码：")
    try:
        s = smtplib.SMTP(server)      #连接到服务器
        print(s.ehlo())
        code = s.ehlo()[0]      #返回服务器的特性
        usesesmtp = 1
        if not (200 <= code <=299):          #在 200 到 299 之间都是正确的返回值
            usesesntp = 0
            code = s.helo()[0]
            if not (200 <= code <=299):
                raise SMTPHeloError(code,resp)

            if len(message) > int(s.esmtp_features['size']):
                print("邮件内容太大。程序中断")
                sys.exit(2)

        if usesesmtp and s.has_extn('auth'):          #查看服务器是否支持认证
            print("\r\n 使用认证连接.")
            try:
                s.login(username,password)  #登录服务器
            except smtplib.SMTPException as e:
                print("认证失败:" , e)
                sys.exit(1)
        else:
            print("服务器不支持认证，使用普通连接")
        s.sendmail(fromaddr,toaddr,message)          #如果支持认证则输入用户名密码进行认证；
不支持则使用普通形式进行传输
        s.quit() #断开连接
    except(socket.gaierror,socket.error,socket.herror,smtplib.SMTPException) as e:
        print("***邮件成功发送**")
        print(e)
        sys.exit(1)
    else:
        print("***邮件成功发送**")
```

程序使用 getpass()函数要求用户输入邮箱密码。getpass()函数包含在 getpass 模块中。

在主程序里调用 auth_login()函数，代码如下：

```
if __name__ == "__main__":
    auth_login()
```

打开命令窗口，切换到【例 10-7】.py 所在的目录下。然后执行如下的命令，运行程序：

```
python 例10-7.py smtp.sina.com youremail@sina.com youremail@sina.com
```

这里假定 youremail@sina.com 既是发件人邮箱，又是收件人邮箱。实际应用时请改成自己的邮箱。执行后，请根据提示输入邮箱账号和密码。看到“***邮件成功发送**”的提示后，登录邮箱确认是否收到邮件。

10.3.2 POP 编程

邮局协议（Post Office Protocol，POP）用于使用客户端远程管理在服务器上的电子邮件。最流行的 POP 版本是 POP3。POP 属于 TCP/IP 协议簇，通常使用 POP 接收 E-Mail。本节介绍 Python POP 编程的方法。

通过 POP 接收 E-mail，通常需要提供如下信息。

- POP 服务器，不同的邮件提供商都有自己的 POP 服务器，例如，新浪的 POP 服务器为 pop3.sina.com。
- 收件人 E-mail 账号。
- 收件人 E-mail 密码。
- 使用 poplib 模块实现 POP 编程，因此在使用 Python 接收 E-mail 时需要首先导入 poplib 模块，代码如下：

```
from poplib import POP3
```

1. 连接到 POP3 服务器

在接收 E-mail 之前首先需要连接到 POP3 服务器，方法如下：

```
s = smtplib.POP3(server)
```

server 是要连接的 POP3 服务器。返回值 s 是 POP3 服务器对象，以后就可以通过 s 与 POP3 服务器交互了。

2. 执行 USER 命令

在接收 E-mail 时，客户端应该以 USER 命令开始 POP 会话。USER 命令用于向 POP 服务器发送用户名。

执行 USER 命令的方法如下：

```
p. user(username)
```

p 是 POP3 服务器对象。参数 username 指定要发送的用户名。

3. 执行 PASS 命令

在接收 E-mail 时，客户端应该发送 USER 命令后，应该执行一个 PASS 命令。PASS 命令用于向 POP 服务器发送用户密码。

调用 pass_()函数可以执行 PASS 命令，具体方法如下：

```
p.pass_(password)
```

p 是 POP3 服务器对象。参数 password 指定要发送的用户密码。

4. 执行 STAT 命令

STAT 命令可以处理请求的 POP3 服务器返回的邮箱统计资料，如邮件数、邮件总字节数等。调用 stat()函数可以执行 STAT 命令，具体方法如下：

```
ret = p.stat()
```

p 是 POP3 服务器对象。stat()函数的返回值就是服务器返回的邮箱统计资料。

【例 10-8】 演示使用 stat()函数获取 POP3 服务器的邮箱统计资料的方法。

代码如下：

```
import sys
from poplib import POP3
import socket
from getpass import getpass

#POP3 服务器
POP3SVR='pop3.sina.com'
print("输入 Email: ")
username = input()
password = getpass("输入密码: ")
try:
    recvSvr=POP3(POP3SVR)
    recvSvr.user(username)
    recvSvr.pass_(password)
    # 获取服务器上信件信息，返回是一个列表，第一项是一共有多上封邮件，第二项是共有多少字节
    ret = recvSvr.stat()
    print(ret)
    # 退出
    recvSvr.quit()
except(socket.gaierror,socket.error,socket.herror) as e:
    print(e)
    sys.exit(1)
```

本例以新浪邮箱为例，演示 stat()函数的使用方法。新浪的 POP 服务器为 pop3.sina.com。程序首先要求用户输入 E-mail 账号和密码，然后调用 stat()函数，并打印返回结果。运行结果是一个元组，类似如下：

```
(142, 111012770)
```

不同的邮箱账号的返回结果也会不同。第一个数字代表邮箱一共有多上封邮件，第二个数字代表邮件共有多少字节。

5. 执行 TOP 命令

TOP 命令可以返回 n 号邮件的前 m 行内容。调用 top()函数可以执行 TOP 命令，具体方法如下：

```
list = p.top(n, m)
```

p 是 POP3 服务器对象。top()函数的返回值就是服务器返回的 n 号邮件的前 m 行内容。n 从 1 开始计数，m 从 0 开始计数。

【例 10-9】 演示使用 top()函数获取 POP3 服务器的邮件信息的方法。

代码如下：

```
import sys
from poplib import POP3
import socket
from getpass import getpass

#POP3 服务器
POP3SVR='pop3.sina.com'
print("输入 Email: ")
username = input()
password = getpass("输入密码: ")
try:
    recvSvr=POP3(POP3SVR)
    recvSvr.user(username)
    recvSvr.pass_(password)
    # 获取服务器上信件信息，返回是一个列表，第一项是一共有多上封邮件，第二项是共有多少字节
    ret = recvSvr.stat()
    # 取出信件头部。注意：top 指定的行数是以信件头为基数的，也就是说当取 0 行，
    # 其实是返回头部信息，取 1 行其实是返回头部信息之外再多 1 行。
    mlist = recvSvr.top(1, 0)
    print( mlist)
    # 退出
    recvSvr.quit()
except(socket.gaierror,socket.error,socket.herror) as e:
    print(e)
    sys.exit(1)
```

本例以新浪邮箱为例，演示 top()函数的使用方法。程序首先要求用户输入 E-mail 账号和密码，然后调用 top()函数获取第 1 个邮件的第 1 行，并打印返回结果。运行结果类似如下形式：

```
(b'+OK ', [b'X-Mda-Received: from <mx3-24.sinamail.sina.com.cn>([<202.108.3.242>
```

```
])', b' by <mda113-93.sinamail.sina.com.cn> with LMTP id <2518547>', b' May 14 2
012 11:26:28 +0800 (CST)', b'X-Sina-MID:02B2A6462E15C549DB87DF9B4CF5BB38BC000000
00000001', b'X-Sina-Attnum:0', b'Received: from irxd5-171.sinamail.sina.com.cn (
unknown [10.55.5.171])', b'\tby mx3-24.sinamail.sina.com.cn (Postfix) with ESMTP
 id 39C402940AA', b'\tfor <johney2008@sina.com>; Mon, 14 May 2012 11:26:27 +0800
 (CST)', b'X-Sender: zouwenbo@ptpress.com.cn', b'Received: from regular1.263xmai
l.com ([211.150.99.131])', b'  by irxd5-171.sinamail.sina.com.cn with ESMTP; 14
May 2012 11:26:25 +0800', b'Received: from zouwenbo?ptpress.com.cn (unknown [211
.150.64.22])', b'\tby regular1.263xmail.com (Postfix) with SMTP id ED149576ED',
b'\tfor <johney2008@sina.com>; Mon, 14 May 2012 11:26:23 +0800 (CST)', b'X-ABS-C
HECKED:1', b'X-KSVirus-check:0', b'Received: from localhost.localdomain (localho
st.localdomain [127.0.0.1])', b'\tby smtpcom.263xmail.com (Postfix) with ESMTP i
d A9BE34B20', b'\tfor <johney2008@sina.com>; Mon, 14 May 2012 11:26:22 +0800 (CS
T)', b'X-SENDER-IP:211.150.64.18', b'X-LOGIN-NAME:wmsendmail@net263.com', b'X-AT
TACHMENT-NUM:0', b'X-DNS-TYPE:0', b'Received: from localhost.localdomain (unknow
n [211.150.64.18])', b'\tby smtpcom.263xmail.com (Postfix) whith ESMTP id 20074L
E0HE2;', b'\tMon, 14 May 2012 11:26:22 +0800 (CST)', b'Date: Mon, 14 May 2012 11
:26:24 +0800 (CST)', b'From: =?UTF-8?B?6YK55paH5rOi?= <zouwenbo@ptpress.com.cn>',
b'To: =?UTF-8?B?InNpbmEiIA==?= <johney2008@sina.com>', b'Message-ID: <56521949
5.269180.1336965984308.JavaMail.root@e2-newwm6>', b'Subject: =?UTF-8?B?UmU65ZCI5
ZCM5pS25Yiw?=', b'MIME-Version: 1.0', b'Content-Type: text/html;  charset=utf-8',
b'Content-Transfer-Encoding: base64', b'X-Priority: 3', b'', b''], 1698)
```

不同的邮箱账号的返回结果也会不同。

6. 执行 LIST 命令

LIST 命令可以返回邮件的 ID 和大小。调用 list()函数可以执行 LIST 命令，具体方法如下：

```
ret = p.list()
```

p 是 POP3 服务器对象。list()函数的返回值是一个元组，其中包含邮件服务器上的邮件的 ID 和大小。

【例 10-10】 演示使用 list()函数获取 POP3 服务器的邮件大小的方法。

代码如下：

```
import sys
from poplib import POP3
import socket
from getpass import getpass

#POP3 服务器
POP3SVR='pop3.sina.com'
print("输入 Email: ")
username = input()
password = getpass("输入密码: ")
try:
```

```
    recvSvr=POP3(POP3SVR)
    recvSvr.user(username)
    recvSvr.pass_(password)
    # 列出服务器上邮件信息，这个会对每一封邮件都输出 id 和大小。不像 stat 输出的是总的统计信息
    ret = recvSvr.list()
    print(ret)
    # 退出
    recvSvr.quit()
except(socket.gaierror,socket.error,socket.herror) as e:
    print(e)
    sys.exit(1)
```

程序首先要求用户输入 E-mail 账号和密码，然后调用 list()方法，并打印返回结果。运行结果类似如下形式：

```
(b'+OK ', [b'1 4255', b'2 18780', b'3 572515', b'4 24139', b'5 32230', b'6 36684
', b'7 18457', b'8 28863', b'9 20380', b'10 7954', b'11 19744', b'12 10583', b'1
3 33610', b'14 10524', b'15 29411', b'16 33646', b'17 6724', b'18 10413', b'19 1
1046', b'20 8673', b'21 27659', b'22 25407', b'23 9459', b'24 34516', b'25 2571'
, b'26 19135', b'27 12080', b'28 50763', b'29 31974', b'30 34800', b'31 40843',
b'32 2212', b'33 33885', b'34 28495', b'35 2112', b'36 11786', b'37 34638', b'38
 29006', b'39 2736', b'40 2533', b'41 4197', b'42 23029', b'43 7366', b'44 6908'
, b'45 29320', b'46 8260', b'47 10883', b'48 97915', b'49 8200', b'50 30885', b'
51 12837', b'52 28466', b'53 13275', b'54 5160', b'55 9104', b'56 31106', b'57 2
398', b'58 34088', b'59 1479', b'60 5857', b'61 39071', b'62 19676563', b'63 374
25', b'64 31382', b'65 2651', b'66 183470', b'67 25540', b'68 37917', b'69 83911
', b'70 35395', b'71 103829', b'72 28882', b'73 427319', b'74 35597', b'75 88724
', b'76 875474', b'77 9746', b'78 3204', b'79 4757', b'80 1377', b'81 33931', b'
82 51660', b'83 7716', b'84 4232', b'85 9238', b'86 9436', b'87 30801', b'88 303
63', b'89 36120', b'90 32211', b'91 14520', b'92 36216', b'93 11950', b'94 33795
', b'95 23622', b'96 34674', b'97 40117', b'98 38117', b'99 30286', b'100 33750'
, b'101 1574', b'102 1160', b'103 1165', b'104 5268', b'105 8828471', b'106 8828
929', b'107 370466', b'108 1190', b'109 1176', b'110 35806', b'111 370606', b'11
2 5250', b'113 65213', b'114 370856', b'115 7582', b'116 371406', b'117 8993', b
'118 4384', b'119 33804', b'120 370367', b'121 33372', b'122 372574', b'123 5314
', b'124 5351', b'125 32605', b'126 370963', b'127 10241', b'128 30376', b'129 1
466', b'130 1419', b'131 32797624', b'132 35068', b'133 370247', b'134 4777', b'
135 5238', b'136 35721', b'137 368434', b'138 28298182', b'139 57653', b'140 205
0658', b'141 2052175', b'142 368683'], 1441)
```

不同的邮箱账号的返回结果也会不同。

7. 执行 RETR 命令

RETR 命令可以返回邮件的全部文本。调用 retr()函数可以执行 RETR 命令，具体方法如下：

```
ret = p.retr(n)
```

p 是 POP3 服务器对象。参数 n 表示读取邮件的序号，从 1 开始。retr ()函数返回邮件的文本信息。

【例 10-11】 演示使用 retr ()函数返回邮件的文本信息的方法。

代码如下：

```
import sys
from poplib import POP3
import socket
from getpass import getpass

#POP3 服务器
POP3SVR='pop3.sina.com'
print("输入 Email: ")
username = input()
password = getpass("输入密码: ")
try:
    recvSvr=POP3(POP3SVR)
    recvSvr.user(username)
    recvSvr.pass_(password)
    # 列出服务器上邮件信息，这个会对每一封邮件都输出 id 和大小。不象 stat 输出的是总的统计信息
    ret = recvSvr. retr(1)
    print(ret)
    # 退出
    recvSvr.quit()
except(socket.gaierror,socket.error,socket.herror) as e:
    print(e)
    sys.exit(1)
```

程序首先要求用户输入 E-mail 账号和密码，然后调用 retr()函数，并打印返回结果。运行结果类似如下形式：

```
(b'+OK 4255 octets', [b'X-Mda-Received: from <mx3-24.sinamail.sina.com.cn>([<202.108.3.242>])', b' by <mda113-93.sinamai
l.sina.com.cn> with LMTP id <2518547>', b' May 14 2012 11:26:28 +0800 (CST)', b'X-Sina-MID:02B2A6462E15C549DB87DF9B4CF5B
B38BC00000000000001', b'X-Sina-Attnum:0', b'Received: from irxd5-171.sinamail.sina.com.cn (unknown [10.55.5.171])', b'\t
by mx3-24.sinamail.sina.com.cn (Postfix) with ESMTP id 39C402940AA', b'\tfor <johney2008@sina.com>; Mon, 14 May 2012 11:
26:27 +0800 (CST)', b'X-Sender: zouwenbo@ptpress.com.cn', b'Received: from regular1.263xmail.com ([211.150.99.131])', b'
 by irxd5-171.sinamail.sina.com.cn with ESMTP; 14 May 2012 11:26:25 +0800', b'Received: from zouwenbo?ptpress.com.cn (u
nknown [211.150.64.22])', b'\tby regular1.263xmail.com (Postfix) with SMTP id
```

```
ED149576ED', b'\tfor <johney2008@sina.com>
    ; Mon, 14 May 2012 11:26:23 +0800 (CST)', b'X-ABS-CHECKED:1', b'X-KSVirus-check:0', b'Received: from localhost.localdoma
    in (localhost.localdomain [127.0.0.1])', b'\tby smtpcom.263xmail.com (Postfix) with ESMTP id A9BE34B20', b'\tfor <johney
    2008@sina.com>; Mon, 14 May 2012 11:26:22 +0800 (CST)', b'X-SENDER-IP:211.150.64.18', b'X-LOGIN-NAME:wmsendmail@net263.c
    om', b'X-ATTACHMENT-NUM:0', b'X-DNS-TYPE:0', b'Received: from localhost.localdomain (unknown [211.150.64.18])', b'\tby s
    mtpcom.263xmail.com (Postfix) whith ESMTP id 20074LE0HE2;', b'\tMon, 14 May 2012 11:26:22 +0800 (CST)', b'Date: Mon, 14
    May 2012 11:26:24 +0800 (CST)', b'From: =?UTF-8?B?6YK55paH5rOi?= <zouwenbo@ptpress.com.cn>', b'To: =?UTF-8?B?InNpbmEiIA=
    =?= <johney2008@sina.com>', b'Message-ID: <565219495.269180.1336965984308.JavaMail.root@e2-newwm6>', b'Subject: =?UTF-8?
    B?UmU65ZCI5ZCM5pS25Yiw?=', b'MIME-Version: 1.0', b'Content-Type: text/html; charset=utf-8', b'Content-Transfer-Encoding
    : base64', b'X-Priority: 3', b'', b'PFA+Jm5ic3A7PC9QPg0KPFA+Jm5ic3A76Z2e5bi45aW977yM5oiR5Zyo5Ye65beu77yM5LiL5ZGo', b'5Zu
    e5Y675ZCO5oiR5Lus6IGU57O744CCPC9QPg0KPFA+Jm5ic3A7PC9QPg0KPFA+Jm5ic3A7PC9Q', b'Pg0KPERJViBzdHlsZT0iQk9SREVSLUxFRlQ6IHJnYi
    gwLDAsMCkgMnB4IHNvbGlkOyBQQURESU5H',
b'LUxFRlQ6IDVweDsgUEFERElORy1SSUdIVDogMHB4OyBNQVJHSU4tTEVGVDogNXB4OyBNQVJHSU4t', b'
    UklHSFQ6IDBweCIgZGlyPWx0cj4tLS0tLSBPcmlnaW5hbCBNZXNzYWdlIC0tLS0tPEJSPkZyb206',
b'PFNQQU4+InNpbmEiICZsdDtqb2huZXkyMDA4QHN
    pbmEuY29tJmd0OzwvU1BBTj4gPEJSPlRvOiA8',
b'U1BBTj4iem91d2VuYm8iICZsdDt6b3V3ZW5ib0BwdHByZXNzLmNvbS5jbiZndDs8L1NQQU4+PEJS',
     b'PkNjOjxCUj5TZW50Ok1vbiBNYXkgMTQgMTA6MTY6MDIgVVRDKzA4MDAgMjAxMjxCUj5TdWJqZWN0',
b'OiDlkIjlkIzmlLbliLA8QlI+DQo8RElWPg0K
    PERJVj5XaW5kb3dz57yW56iL55qE5ZCI5ZCM5pS2',
b'5Yiw5LqG77yM6LCi6LCi44CCPEJSPjxCUj7miJHmraPlnKjlgZpvcmFjbGUgMTFn77yM6aKE6K6
    h',
b'5LiL5Liq5pyI5Y+v5Lul5Lqk56i/44CC6L+Z5pys5Lmm5oiR5LiL5LqG5b6I5aSn55qE5Yqf5aSr',
b'77yM5Y+I5p+l5LqG5b6I5aSa6LWE5paZ7
    7yM6KGl5YWF5LqG5LiA5Lqb5YaF5a6544CC5L2Gb3Jh',
b'Y2xl5pWw5o2u5bqT5ra155uW55qE5oqA5pyv5a6e5Zyo5aSq5aSa77yM6ICD6JmR5Yiw56+H
    5bmF',
b'5b6I5aSa5pa56Z2i6L+Y5piv5LiN6IO95raJ5Y+K44CCdmLnmoTkuIDkuKrlpKfkvZzkuJrmi7/k',
b'uIvkuobvvIzov5nmoLflj6/ku6Xoio
    LnnIHngrnnr4fluYXjgILpmYTlvZXlho3mj5DkvptBU1Dl',
b'koxD77yD55qE55u45YWz5YaF5a6544CC5oiR5oOz5oqK56+H5bmF5o6n5Yi25Zyo77yU7
    7yV77yQ',
b'6aG15Lul5YaF44CCPEJSPjxCUj7nu4/ov4fov5nmrrXml7bpl7TnmoTmlbTnkIbvvIzmiJHlgJLm',
b'nInkuKrmg7Pms5XvvIzlsLHmmK/
    lj6/ku6XkuJPpl6jlgZrkuIDkuKrvvY/vvZLvvYHvvYPvvYzv',
b'vYXjgIDvvKTvvKLvvKHln7rnoYDmlZnmnZDvvIzlsLHmmK/kuI3mtonlj4rnvJbnqI
    vvvIzlj6rk',
b'u4vnu43nrqHnkIblkZjnmoTogYzog73jgILov5nmoLflj6/ku6XlnKjvvY/vvZLvvYHvvYPvvYzv',
b'vYXnrqHnkIbmlrnpnaLku4vn
```

```
    u43lvpfmt7HlhaXkupvjgILku6Xop6PlhrPor7vogIXmj5Dlh7rn',
b'moTmnKzkuablnKjlvojlpJrlnLDmlrnmmK/onLvonJPngrnmsLTnmoTpl67popj
    jgII8QlI+5Li6',
b'5LqG6YG/5YWN5YaF5a655LiK55qE6YeN5aSN77yM5oiR6KeJ5b6X5Y+v5Lul5YGa772M772J772O',
b'772V772Y77yL772P772S7
    72B772D772M772F77yM6L+Z56eN5bqU55So5Lmf5b6I5bm/5rOb77yM',
b'6ZO26KGM44CB55S15L+h562J6KGM5Lia5aSa5L2/55So5Z+65LqOdW5peOW5
    s+WPsOeahOacjeWK',
b'oeWZqO+8jOiAjHVuaXjlubPlj7DkuK3vvYzvvYnvvY7vvZXvvZjlgZrmlZnmnZDmr5TovoPmnInk',
b'u6PooajmhI/kuYnjgI
    LmiJHlnKjpk7booYzml7blsLHlgZrov4fvvYzvvYnvvY7vvZXvvZjnrqHn',
b'kIblkZjvvIznjrDlnKjnmoTnvZHnrqHova/ku7bkuZ/mtonlj4rlr7nvv
    YzvvYnvvY7vvZXvvZjm',
b'nI3liqHlmajnmoTnm5HmjqflkoznrqHnkIbvvIzlm6DmraTlr7nvvYzvvYnvvY7vvZXvvZjlvojn',
b'hp/mgonjgII8QlI
    +5aaC5p6c5L2g6KeJ5b6X6L+Z5Liq6YCJ6aKY5Y+v6KGM77yM5oiR5YGa5a6M',
b'6L+Z5pys5Lmm77yM5YaN5LuU57uG6ICD6JmR5LiA5LiL55uu5b2V44
    CCPEJSPjxCUj48QlI+5p2O',
b'5pmT6buOPEJSPu+8ne+8ne+8ne+8ne+8ne+8ne+8ne+8ne+8ne+8nTxCUj7vvJLvvJDvvJHvvJLv',
b'vI3vvJDvvJXv
    vI3vvJHvvJQ8QlI+Jm5ic3A7PC9ESVY+PC9ESVY+PC9ESVY+', b'', b''], 4258)
```


不同的邮箱账号的返回结果也会不同。返回的邮件内容中包含很多字节数据，可以使用 str() 函数将它们转换为字符串后再显示。

习 题

一、选择题

1．Internet 中的主要通信协议是（　　）。

A．HTML　　B．HTTP　　C．ARPA　　D．TCP/IP

2．OSI 参考模型将网络通信的工作划分为 7 个层次，下面不属于 OSI 参考模型的层次是（　　）。

A．网络层　　B．通信层　　C．会话层　　D．物理层

3．下面关于 OSI 参考模型的描述正确的是（　　）。

A．OSI 参考模型的最高层为网络层

B．OSI 参考模型的最高层为数据链路层

C．所有的网络通信都需要经过 OSI 模型的全部 7 层

D．发送方和接收方的通信必须在对等层次上进行

4．下面属于数据链路层的协议是（　　）。

A．TCP　　B．IP　　C．ARP　　D．PPP

5．在发送 E-mail 时，客户应该以（　　）命令开始 SMTP 会话。

A．EHLO　　B．USER　　C．PASS　　D．RETR

二、填空题

1．OSI 参考模型的英文全称为____________________，中文含义为__________________。

2．在 OSI 参考模型中，对等层协议之间交换的信息单元统称为_____________，其英文缩写和全称为______________。传输层的 PDU 特定名称为____________，网络层的 PDU 特定名称为______________，数据链路层的 PDU 特定名称为_____________，物理层的 PDU 特定名称为____________。

3．TCP/IP 协议簇中包含_________、_________、_________和_________。

4．Python 可以通过 socket 模块实现 Socket 编程。在开始 Socket 编程之前，需要导入____________________模块。

三、简答题

1．按从低到高的顺序描述 OSI 参考模型的层次结构。

2．简述 OSI 参考模型实现通信的工作原理。

3．简述服务器程序与客户机进程实现面向连接的 Socket 通信的过程。

附录 1 实验

实验 1 开始 Python 编程

目的和要求

（1）了解什么是 Python。

（2）了解 Python 的特性。

（3）学习下载和安装 Python。

（4）学习执行 Python 脚本文件的方法。

（5）学习 Python 语言的基本语法。

（6）学习下载和安装 Pywin32 的方法。

（7）学习使用 Python 文本编辑器 IDLE 的方法。

实验准备

首先要了解 Python 诞生于 20 世纪 90 年代初，是一种解释型、面向对象、动态数据类型的高级程序设计语言，是最受欢迎的程序设计语言之一。

Python 语言很简洁，语法也很简单，只需要掌握基本的英文单词就可以读懂 Python 程序。

Python 是开源的、免费的：开源是开放源代码的简称。也就是说，用户可以免费获取 Python 的发布版本，阅读、甚至修改源代码。

Python 是高级语言：与 Java 和 C 一样，Python 不依赖任何硬件系统，因此属于高级开发语言。在使用 Python 开发应用程序时，不需要关注硬件问题，如内存管理。

由于开源的缘故，Python 可以兼容很多平台。如果在编程时多加留意系统依赖的特性，Python 程序无须进行任何修改，就可以在各种平台上运行。

Python 是解释型语言。

实验内容

本实验主要包含以下内容。

（1）练习下载 Python。

（2）练习安装 Python。

（3）练习执行 Python 脚本文件。

（4）练习下载和安装 Pywin32。

（5）练习使用 Python 文本编辑器 IDLE。

1. 下载 Python

访问如下网址：

https://www.python.org/downloads/

选择下载 Python 3.0 系列的最新版本。

2. 练习安装 Python

双击下载得到的 Python 安装包，按照向导安装 Python。安装完成后，将 C:\Python36 添加到环境变量 Path 中。

打开命令窗口，运行 python 命令，确认可以看到 Python 解释器示的界面。在>>>后面输入下面的 Python 程序：

```
print('我是 Python')
```

确认可以打印“我是 Python”。按 Ctrl+Z 组合键可以退出 Python 环境。

3. 执行 Python 脚本文件

创建一个文件 MyfirstPython.py，参照【例 1-1】编辑它的内容。保存后，打开命令窗口。切换到 MyfirstPython.py 所在的目录，然后执行下面的命令：

```
python MyfirstPython.py
```

确认运行结果如下：

```
I am Python
```

4. 下载和安装 Pywin32

（1）访问下面的网址下载 Pywin32 安装包。根据 Python 的版本选择要下载的安装包。

```
http://sourceforge.net/projects/pywin32/
```

（2）参照 1.2.4 节练习安装 Pywin32。

5. 使用 Python 文本编辑器 IDLE

按照下面的步骤练习使用 ping 命令检测远程计算机的在线状态。

（1）在<Python 目录>\Lib\idlelib 目录下运行 idle.bat，打开文本编辑器 IDLE。

（2）在菜单里依次选择 File/New File（或按下【Ctrl+N】组合键）即可新建 Python 脚本。

（3）在编辑窗口里输入下面的程序：

```
# My first Python program
print('I am Python')
```

确认 IDLE 能够以彩色标识出 Python 语言的关键字。

（4）在菜单里依次选择 File/Save File（或按下【Ctrl+S】组合键）保存 Python 脚本为 MyfirstPython.py。

（5）退出 IDLE，然后用鼠标右键单击 MyfirstPython.py 文件，在快捷菜单中选择 Edit with IDLE，确认可以直接打开 IDLE 窗口编辑该脚本。

（6）在编辑窗口里输入“p”，然后选择 Edit/Show completetions，确认可以显示自动完成提示框。可以从提示列表中做出选择，实现自动完成。

（7）在编辑窗口里输入“print(”，IDLE 会弹出一个语法提示框，显示 print()函数的语法。

（8）在菜单里依次选择 Run / Run Module（或按下 F5 键），确认可以在 IDLE 中运行当前的 Python 程序。

实验 2　Python 语言基础

目的和要求

（1）了解 Python 语言的基本语法和编码规范。

（2）了解 Python 语言的数据类型、运算符、常量、变量、表达式等基础知识。

（3）学习使用 Python 常用语句。

（4）学习序列数据结构的方法。

实验准备

（1）了解常量是内存中用于保存固定值的单元，在程序中常量的值不能发生改变。Python 并没有命名常量，也就是说，不能像 C 语言那样给常量起一个名字。Python 常量包括数字、字符串、布尔值和空值等。

（2）了解变量是内存中命名的存储位置，与常量不同的是变量的值可以动态变化。

（3）了解 Python 支持算术运算符、赋值运算符、位运算符、比较运算符、逻辑运算符、字符串运算符、成员运算符和身份运算符等基本运算符。

实验内容

本实验主要包含以下内容。

（1）练习使用变量。

（2）练习使用运算符。

（3）练习使用常用语句。

（4）练习使用序列数据结构。

1. 使用变量

参照下面的步骤练习使用变量。

（1）参照【例 2-3】练习使用 id()函数输出变量地址。

（2）参照【例 2-4】练习进行变量的类型转换。

（3）参照【例 2-5】练习使用 eval ()函数计算字符串中的有效 Python 表达式。

（4）参照【例 2-6】练习使用 chr ()函数和 ord()函数。

（5）参照【例 2-7】练习使用 hex()函数和 oct()函数打印数字的十六进制字符串和八进制字符串。

2. 使用运算符

参照下面的步骤练习使用运算符。

（1）参照【例 2-8】练习使用赋值运算符。

（2）参照【例 2-9】练习使用逻辑运算符。

（3）参照【例 2-10】练习使用字符串运算符。

3. 练习使用常用语句

参照下面的步骤练习使用常用语句。

（1）参照【例 2-11】练习使用赋值语句。

（2）参照【例 2-12】【例 2-13】【例 2-14】【例 2-15】练习使用 if 语句。

（3）参照【例 2-16】练习使用 while 语句。

（4）参照【例 2-17】练习使用 for 语句。

（5）参照【例 2-18】练习使用 continue 语句。

（6）参照【例 2-19】练习使用 break 语句。

（7）参照【例 2-20】和【例 2-21】练习使用 try-except 语句。

4. 练习使用序列数据结构

参照下面的步骤练习使用序列数据结构。

（1）参照【例 2-22】【例 2-23】【例 2-24】【例 2-25】【例 2-26】【例 2-27】【例 2-28】【例 2-

29】【例 2-30】【例 2-31】【例 2-32】【例 2-33】【例 2-34】【例 2-35】【例 2-36】【例 2-37】【例 2-38】【例 2-39】和【例 2-40】练习使用列表。

（2）参照【例 2-41】【例 2-42】【例 2-43】【例 2-44】【例 2-45】和【例 2-46】练习使用元组。

（3）参照【例 2-47】【例 2-48】【例 2-49】【例 2-50】【例 2-51】【例 2-52】【例 2-53】【例 2-54】【例 2-55】【例 2-56】和【例 2-57】练习使用字典。

（4）参照【例 2-58】【例 2-59】【例 2-60】【例 2-61】【例 2-62】【例 2-63】【例 2-64】【例 2-65】【例 2-66】【例 2-67】【例 2-68】【例 2-69】【例 2-70】【例 2-71】【例 2-72】【例 2-73】【例 2-74】和【例 2-75】练习使用集合。

实验 3　Python 函数

目的和要求

（1）了解函数的概念。

（2）了解局部变量和全局变量作用域。

（3）学习声明和调用函数的方法。

（4）学习在调试窗口中查看变量的值。

（5）学习使用函数的参数和返回值。

（6）学习使用 Python 内置函数。

实验准备

（1）了解函数（function）由若干条语句组成，用于实现特定的功能。函数包含函数名、若干参数和返回值。一旦定义了函数，就可以在程序中需要实现该功能的位置调用该函数，给程序员共享代码带来了很大方便。

（2）了解可以使用 def 关键字来创建 Python 自定义函数。

（3）在函数中可以定义变量，在函数中定义的变量被称为局部变量。局部变量只在定义它的函数内部有效，在函数体之外，即使使用同名的变量，也会被看作是另一个变量。相应地，在函数体之外定义的变量是全局变量。全局变量在定义后的代码中都有效，包括它后面定义的函数体内。如果局部变量和全局变量同名，则在定义局部变量的函数中，只有局部变量是有效的。

（4）了解可以通过参数和返回值与函数交换数据。

实验内容

本实验主要包含以下内容。

（1）练习声明和调用函数。

（2）练习在调试窗口中查看变量的值。

（3）练习使用函数的参数和返回值。

（4）练习使用 Python 内置函数。

1. 声明和调用函数

参照下面的步骤练习声明和调用函数。

（1）参照【例 3-1】【例 3-2】【例 3-3】练习创建 Python 自定义函数。

（2）参照【例 3-4】【例 3-5】【例 3-6】练习创建调用函数。

（3）参照【例 3-7】练习使用局部变量和全局变量。

2. 在调试窗口中查看变量的值

参照下面的步骤练习在调试窗口中查看变量的值。

（1）在 IDLE 中打开【例 3-7】的程序。

（2）参照 3.1.4 节在 print(a)语句处设置断点。

（3）在菜单中选择 Run / Python Shell，打开 Python Shell 窗口。在 Python Shell 的菜单中，选择 Debug/ Debugger，确认在 Python Shell 窗口中会出现下面文字：

```
[DEBUG ON]
```

同时打开 Debug Control 窗口。在 IDLE 主窗口中按 F5 键运行程序，确认可以看到在 Debug Control 窗口中显示，程序停留在第 1 行。单击 Out 按钮，程序会继续执行，并停在断点处。因为断点位于 setNumber()函数内，所以在 Debug Control 窗口的 Local 窗格中可以看到局部变量 a 的当前值。

3. 使用函数的参数和返回值

参照下面的步骤练习使用函数的参数和返回值。

（1）参照【例 3-8】练习在函数中按值传递参数。

（2）参照【例 3-9】练习打印形参和实参的地址。

（3）参照【例 3-10】练习使用列表作为函数参数。

（4）参照【例 3-11】练习使用字典作为函数参数。

（5）参照【例 3-12】练习在函数中修改列表参数。

（6）参照【例 3-13】练习在函数中修改字典参数。

（7）参照【例 3-14】和【例 3-15】练习使用参数默认值。

（8）参照【例 3-16】【例 3-17】【例 3-18】和【例 3-19】练习使用可变长参数。

（9）参照【例 3-20】和【例 3-21】练习使用函数的返回值。

4. 使用 Python 内置函数

参照下面的步骤练习使用 Python 内置函数。

（1）参照【例 3-22】练习使用数学运算函数。

（2）参照【例 3-23】【例 3-24】【例 3-25】【例 3-26】和【例 3-27】练习使用字符串处理函数。

（3）参照【例 3-28】练习使用 help()函数显示 print()函数的帮助信息。

（4）参照【例 3-29】练习使用 help()函数显示列表对象的帮助信息。

（5）参照【例 3-30】使用 type()函数显示指定对象的数据类型。

实验 4　Python 面向对象程序设计

目的和要求

（1）了解面向对象程序设计思想。

（2）了解对象、类、封装、继承、方法、构造函数和析构函数等面向对象程序设计的一些基本概念。

（3）学习声明类。

（4）学习使用静态变量、静态方法和类方法。

（5）学习使用类的继承和多态。

（6）学习复制对象的方法。

实验准备

（1）了解面向对象编程是 Python 采用的基本编程思想，它可以将属性和代码集成在一起，定义为类，从而使程序设计更加简单、规范、有条理。

（2）了解面向对象程序设计思想可以将一组数据和与这组数据有关操作组装在一起，形成一个实体，这个实体就是对象。

（3）了解具有相同或相似性质的对象的抽象就是类。因此，对象的抽象是类，类的具体化就是对象。

实验内容

本实验主要包含以下内容。

（1）练习声明类。

（2）练习类的继承和多态。

（3）练习复制对象。

1. 声明类

参照下面的步骤练习声明类。

（1）参照【例 4-2】练习定义类和使用对象。

（2）参照【例 4-3】练习定义类的成员变量。

（3）参照【例 4-4】和【例 4-5】练习定义类的构造函数。

（4）参照【例 4-6】练习使用析构函数。

（5）参照【例 4-7】练习使用静态变量。

（6）参照【例 4-8】练习使用静态方法。

（7）参照【例 4-9】练习使用类方法。

（8）参照【例 4-10】练习使用 instanceof 关键字。

2. 类的继承和多态

参照下面的步骤练习类的继承和多态。

（1）参照【例 4-11】练习使用类的继承。

（2）参照【例 4-12】和【例 4-13】练习使用抽象类和多态。

3. 复制对象

参照下面的步骤练习复制对象。

（1）参照【例 4-14】练习通过赋值复制对象。

（2）参照【例 4-15】和【例 4-16】练习使用抽象类和多态。

实验 5 Python 模块

目的和要求

（1）了解什么是模块。

（2）学习使用标准库中的模块。

（3）学习创建和使用自定义模块。

实验准备

首先要了解模块是 Python 语言的一个重要概念，它可以将函数按功能划分到一起，以便日后使用或共享给他人。

了解 sys 模块是 Python 标准库中最常用的模块之一。通过它可以获取命令行参数，从而实现从程序外部向程序传递参数的功能；也可以获取程序路径和当前系统平台等信息。

实验内容

本实验主要包含以下内容。

（1）练习使用 sys 模块。

（2）练习使用 platform 模块。

（3）练习使用与数学有关的模块。

（4）练习使用 time 模块。

（5）练习自定义和使用模块。

1. 使用 sys 模块

参照下面的步骤练习使用 sys 模块。

（1）参照【例 5-1】练习打印当前的操作系统平台。

（2）参照【例 5-2】练习打印命令行参数。

（3）参照【例 5-3】练习使用 sys.exit()函数退出应用程序。

（4）参照【例 5-4】练习打印系统当前编码。

（5）参照【例 5-5】练习打印 Python 搜索模块的路径。

2. 使用 platform 模块

参照下面的步骤练习使用 platform 模块。

（1）参照【例 5-6】练习打印当前操作系统名称及版本号。

（2）参照【例 5-7】练习打印当前操作系统类型。

（3）参照【例 5-8】练习打印当前操作系统的版本信息。

（4）参照【例 5-9】练习打印当前计算机的类型信息。

（5）参照【例 5-10】练习打印当前计算机的网络名称。

（6）参照【例 5-11】练习打印当前计算机的处理器信息。

（7）参照【例 5-12】练习打印当前计算机的综合信息。

（8）参照【例 5-13】练习打印 Python 版本信息。

（9）参照【例 5-14】练习打印 Python 主版本信息。

（10）参照【例 5-15】练习打印 Python 修订版本信息。

（11）参照【例 5-16】练习打印 Python 的编译器信息。

（12）参照【例 5-17】练习打印 Python 的分支信息。

（13）参照【例 5-18】练习打印 Python 解释器的实现版本信息。

3. 使用与数学有关的模块

参照下面的步骤练习使用与数学有关的模块。

（1）参照【例 5-19】和【例 5-20】练习使用 random 模块。

（2）参照【例 5-21】【例 5-22】【例 5-23】【例 5-24】【例 5-25】和【例 5-26】练习使用 random 模块。

（3）参照【例 5-27】和【例 5-28】练习使用 decimal 模块。

（4）参照【例 5-29】和【例 5-30】练习使用 fractions 模块。

4. 使用 time 模块

参照下面的步骤练习使用 time 模块。

（1）参照【例 5-31】练习使用 time.time()函数获取当前时间的时间戳。

（2）参照【例 5-32】练习使用 time.localtime()函数。

（3）参照【例 5-33】练习使用 time.strftime()函数。

（4）参照【例 5-34】练习使用 time.ctime()函数。

5. 自定义和使用模块

参照下面的步骤练习自定义模块和使用模块。

（1）参照【例 5-35】练习创建自定义模块。

（2）参照【例 5-36】练习导入模块。

实验 6　函数式编程

目的和要求

（1）了解什么是函数式编程。

（2）了解函数式编程的优点。

（3）学习使用 Lambda 表达式。

（4）学习使用 map()函数。

（5）学习使用 filter()函数。

（6）学习使用 reduce()函数。

（7）学习使用 zip()函数。

（8）学习使用闭包和递归函数。

（9）学习使用迭代器和生成器。

实验准备

了解函数式编程是一种编程的基本风格，也就是构建程序的结构和元素的方式。函数式编程将计算过程看作是数学函数，也就是可以使用表达式编程。在函数的代码中，函数的返回值只依赖传入函数的参数，因此使用相同的参数调用函数两次，会得到相同的结果。

了解 Lambda 表达式是一种匿名函数，是从数学里的 λ 演算得名的。λ 演算可以用来定义什么是一个可计算函数。

map()函数用于将指定序列中的所有元素作为参数调用指定函数，并将结果构成一个新的序列返回。

filter()函数可以对指定序列执行过滤操作。

reduce()函数用于将指定序列中的所有元素作为参数按一定的规则调用指定函数。

zip()函数以一系列列表作为参数，将列表中对应的元素打包成一个个元组，然后返回由这些元组组成的列表。

在 Python 中，闭包指函数的嵌套。可以在函数内部定义一个嵌套函数，将嵌套函数视为一个对象，所以可以将嵌套函数作为定义它的函数的返回结果。

递归函数是指直接或间接调用函数本身的函数。

迭代器是访问集合内元素的一种方式。迭代器对象从序列（列表、元组、字典、集合）的第一个元素开始访问，直到所有的元素都被访问一遍后结束。迭代器不能回退，只能往前进行迭代。

实验内容

本实验主要包含以下内容。

（1）练习使用 Python 函数式编程常用的函数。

（2）练习使用闭包和递归函数。

（3）练习使用迭代器和生成器。

1. 使用 Python 函数式编程常用的函数

参照下面的步骤练习使用 Python 函数式编程常用的函数。

（1）参照【例 6-1】【例 6-2】和【例 6-3】练习使用 Lambda 表达式。

（2）参照【例 6-6】练习使用 filter()函数。

（3）参照【例 6-8】【例 6-9】和【例 6-10】练习使用 zip ()函数。

（4）参照【例 6-11】和【例 6-12】练习比较普通编程方式与函数式编程。

2. 使用闭包和递归函数

参照下面的步骤练习使用闭包和递归函数。

（1）参照【例 6-13】练习使用闭包。

（2）参照【例 6-14】练习使用递归函数。

3. 使用迭代器和生成器

参照下面的步骤练习使用迭代器和生成器。

（1）参照【例 6-15】练习使用内建的工厂函数 iter(iterable)获取序列的迭代器对象。

（2）参照【例 6-16】练习使用 enumerate ()函数将列表或元组生成一个有序号的序列。

（3）参照【例 6-17】和【例 6-18】练习使用生成器。

实验 7 I/O 编程

目的和要求

（1）了解 I/O 编程的基本含义。

（2）学习输入和显示数据的编程方法。

（3）学习文件编程的方法。

（4）学习目录编程的方法。

实验准备

了解 I/O 是 Input/Output 的缩写，即输入/输出接口。I/O 接口的功能是负责实现 CPU 通过系统总线把 I/O 电路和外围设备联系在一起。

了解 I/O 编程是程序设计语言的基本功能，常用的 I/O 操作包括通过键盘输入数据、在屏幕上打印信息和读写硬盘等。

在 Python 中可以使用 input()函数接受用户输入的数据。使用 print()函数可以在屏幕上输出数据。

文件系统是操作系统的重要组成部分，它用于明确磁盘或分区上文件的组织形式和保存方法。在应用程序中，文件是保存数据的重要途径之一。

目录，也称为文件夹，是文件系统中用于组织和管理文件的逻辑对象，在应用程序中常见的目录操作包括创建目录、重命名目录、删除目录、获取当前目录和获取目录内容等。

实验内容

本实验主要包含以下内容。

（1）练习输入和显示数据。

（2）练习文件操作。

（3）练习目录编程。

1. 输入和显示数据

参照下面的步骤练习输入和显示数据。

（1）参照【例 7-1】练习使用 input()函数接受用户输入的数据。

（2）参照【例 7-2】练习以格式化参数的形式输出字符串。

（3）参照【例 7-3】练习在 print()函数中使用多个参数。

（4）参照【例 7-4】练习使用 input()函数接受用户输入的数据。

（5）参照【例 7-5】练习在 print()函数的格式化参数中，同时使用%s 和%d。

（6）参照【例 7-6】练习使用 print()函数输出指定整数对应的十六进制和八进制整数。

（7）参照【例 7-7】和【例 7-8】练习格式化输出浮点数。

（8）参照【例 7-9】练习使用 print()函数输出数据时打印换行符和不打印换行符。

2. 文件操作

参照下面的步骤练习文件操作。

（1）参照【例 7-10】和【例 7-11】练习使用 read()方法读取文件内容。

（2）参照【例 7-12】练习使用 readlines()方法读取文件内容。

（3）参照【例 7-13】练习使用 readline()方法读取文件内容。

（4）参照【例 7-14】练习使用 in 关键字方法读取文件内容。

（5）参照【例 7-15】【例 7-16】【例 7-17】练习向文件中写入数据。

（6）参照【例 7-18】和【例 7-19】练习使用文件指针。

（7）参照【例 7-20】练习截断文件。

（8）参照【例 7-21】【例 7-22】和【例 7-23】练习获取文件属性。

（9）参照【例 7-24】练习复制文件。

（10）参照【例 7-25】练习移动文件。

（11）参照【例 7-26】练习删除文件。

（12）参照【例 7-27】练习重命名文件。

3. 目录编程

参照下面的步骤练习目录编程。

（1）参照【例 7-28】练习获取当前目录。

（2）参照【例 7-29】练习获得指定目录中的内容。

（3）参照【例 7-30】练习创建目录。

（4）参照【例 7-31】练习删除目录。

实验 8　图形界面编程

目的和要求

（1）学习使用 Tkinter 模块开发图形用户界面应用程序的方法。

（2）学习使用常用 Tkinter 组件。

（3）学习设计 Tkinter 窗体布局。

（4）学习设置 Tkinter 字体。

（5）学习 Tkinter 事件处理。

实验准备

Tkinter 模块是 Python 的标准 Tk GUI 工具包的接口，它可以在大多数的 UNIX 平台下使用，也可以应用在 Windows 和 Macintosh 系统里。使用 Tkinter 模块可以开发出具有友好用户界面的应用程序。

Label 组件用于在窗口中显示文本或位图。Button 组件用于在窗口中显示按钮，按钮上可以显示文字或图像。Canvas 是一个长方形的面积，它可以定义一个画布，然后在画布中画图。Checkbutton 组件用于在窗口中显示复选框。Entry 组件用于在窗口中输入单行文本。Frame 组件是框架控件，用于在屏幕上显示一个矩形区域，作为显示其他组件的容器。Listbox 组件是一个列表框组件。Menu 组件是一个菜单组件，用于在窗口中显示菜单条和下拉菜单。Text 组件用于在窗口中输入多行文本。

可以利用字体模块 tkFont 设置组件的字体。

事件通常指程序上发生的事，如单击一个按钮、移动鼠标，或者按下一个按键。每一种控件有自己可以识别的事件。程序可以使用事件处理函数来指定当触发某个事件时所做的操作。

实验内容

本实验主要包含以下内容。

（1）练习使用常用 Tkinter 组件。

（2）练习设计窗体布局和组件字体。

（3）练习 Tkinter 事件处理。

1. 使用常用 Tkinter 组件

参照下面的步骤练习使用常用 Tkinter 组件。

（1）参照【例 8-1】【例 8-2】【例 8-3】【例 8-4】【例 8-6】和【例 8-7】练习弹出消息框。

（2）参照【例 8-8】【例 8-9】和【例 8-10】练习创建 Windows 窗口。

（3）参照【例 8-12】【例 8-13】【例 8-14】和【例 8-15】练习使用 Label 组件。

（4）参照【例 8-16】【例 8-17】【例 8-18】和【例 8-19】练习使用 Button 组件。

（5）参照【例 8-20】【例 8-21】【例 8-22】【例 8-23】【例 8-24】【例 8-25】【例 8-26】【例 8-27】【例 8-28】【例 8-29】【例 8-30】【例 8-31】【例 8-32】【例 8-33】【例 8-34】【例 8-35】【例 8-36】【例 8-37】【例 8-38】【例 8-39】和【例 8-40】练习使用 Canvas 画布组件。

（6）参照【例 8-41】和【例 8-42】练习使用 Checkbutton 组件。

（7）参照【例 8-43】和【例 8-44】练习使用 Entry 组件。

（8）参照【例 8-45】【例 8-46】和【例 8-47】练习使用 Frame 组件。

（9）参照【例 8-48】【例 8-49】和【例 8-50】练习使用 Listbox 组件。

（10）参照【例 8-56】和【例 8-57】练习使用 Radiobutton 组件。

（11）参照【例 8-58】和【例 8-59】练习使用 Scale 组件。

（12）参照【例 8-60】和【例 8-61】练习使用 Text 组件。

2. 设计窗体布局和组件字体

参照下面的步骤练习设计窗体布局和组件字体。

（1）参照【例 8-62】练习使用 pack()方法组织组件。

（2）参照【例 8-63】练习使用 grid()方法组织组件。

（3）参照【例 8-64】练习使用 place()方法组织组件。

（4）参照【例 8-65】练习设置 Label 组件的字体。

3. Tkinter 事件处理

参照下面的步骤练习 Tkinter 事件处理。

（1）参照【例 8-66】和【例 8-67】练习处理键盘事件。

（2）参照【例 8-68】练习处理鼠标事件。

（3）参照【例 8-69】练习处理 FocusIn 事件和 FocusOut 事件。

实验9 多任务编程

目的和要求

（1）了解进程的概念和状态。

（2）了解线程的概念。

（3）学习进程编程的方法。

（4）学习线程编程的方法。

实验准备

了解进程是正在运行的程序的实例。每个进程至少包含一个线程，它从主程序开始执行，直到退出程序，主线程结束，该进程也被从内存中卸载。主线程在运行过程中还可以创建新的线程，实现多线程的功能。

了解在操作系统内核中，进程可以被标记成“被创建”（created）、“就绪”（ready）、“运行”（running）、“阻塞”（blocked）、“挂起”（suspend）和“终止”（terminated）等状态。

线程是操作系统可以调度的最小执行单位，通常是将程序拆分成两个或多个并发运行的任务。一个线程就是一段顺序程序。但是线程不能独立运行，只能在程序中运行。

进程通常可用独立运行，而线程则是进程的子集，只能在进程运行的基础上运行。

进程拥有独立的私有内存空间，一个进程不能访问其他进程的内存空间；而一个进程中的线程则可以共享内存空间。

实验内容

本实验主要包含以下内容。

（1）练习进程编程。

（2）练习多线程编程。

1. 进程编程

参照下面的步骤练习进程编程。

（1）参照【例9-1】【例9-2】【例9-3】【例9-4】和【例9-5】练习创建进程。

（2）参照【例9-6】练习枚举系统进程。

（3）参照【例9-7】练习终止进程。

（4）参照【例9-8】练习使用进程池。

2. **多线程编程**

参照下面的步骤练习多线程编程。

（1）参照【例 9-9】练习线程编程。

（2）参照【例 9-10】【例 9-11】和【例 9-12】练习使用指令锁。

（3）参照【例 9-13】练习使用可重入锁。

（4）参照【例 9-14】练习使用信号量。

（5）参照【例 9-15】练习使用事件。

（6）参照【例 9-16】练习使用定时器。

实验 10　网络编程

目的和要求

（1）了解网络通信模型和 TCP/IP 协议簇。

（2）了解 Socket 的工作原理和基本概念。

（3）学习基于 TCP 的 Socket 编程。

（4）学习基于 UDP 的 Socket 编程。

（5）学习电子邮件编程。

实验准备

了解 OSI 参考模型将网络通信的工作划分为 7 个层次，由低到高分别为物理层（Physical Layer）、数据链路层（Data Link Layer）、网络层（Network Layer）、传输层（Transport Layer）、会话层（Session Layer）、表示层（Presentation Layer）和应用层（Application Layer）。

了解 TCP/IP 是 Internet 的基础网络通信协议，它规范了网络上所有网络设备之间数据往来的格式和传送方式。TCP 和 IP 是两个独立的协议，它们负责网络中数据的传输。TCP 位于 OSI 参考模型的传输层，而 IP 则位于网络层。

Socket 的中文翻译是套接字，它是 TCP/IP 网络环境下应用程序与底层通信驱动程序之间运行的开发接口，它可以将应用程序与具体的 TCP/IP 隔离开来，使得应用程序不需要了解 TCP/IP 的具体细节，就能够实现数据传输。

简单邮件传输协议（Simple Mail Transfer Protocol，SMTP）是一组用于由源地址到目的地址传送邮件的规则，可以控制信件的中转方式。SMTP 属于 TCP/IP 协议簇，通过 SMTP 所指定的服务器，就可以把 E-mail 寄到收信人的服务器上了。

邮局协议（Post Office Protocol，POP）用于使用客户端远程管理在服务器上的电子邮件。最流行的 POP 版本是 POP3。POP 属于 TCP/IP 协议簇，通常使用 POP 接收 E-mail。

实验内容

本实验主要包含以下内容。

（1）练习基于 TCP 的 Socket 编程。

（2）练习基于 UDP 的 Socket 编程。

（3）练习电子邮件编程。

1. 基于 TCP 的 Socket 编程

参照下面的步骤练习基于 TCP 的 Socket 编程。

（1）参照【例 10-1】练习设计使用 Socket 进行通信的简易服务器。

（2）参照【例 10-2】练习设计使用 Socket 进行通信的简易客户端。

（3）运行简易服务器，然后运行简易客户端，确认客户端程序打印“welcome to server!”，说明服务器和客户端通信成功。

2. 基于 UDP 的 Socket 编程

参照下面的步骤练习基于 UDP 的 Socket 编程。

（1）参照【例 10-3】练习使用 sendto()函数发送数据报的方法。注意根据实际情况修改服务器地址。

（2）参照【例 10-4】练习使用使用 recvfrom()函数接收数据报的方法。注意根据实际情况修改服务器地址。

3. 电子邮件编程

参照下面的步骤练习电子邮件编程。

（1）参照【例 10-5】【例 10-6】和【例 10-7】练习 SMTP 编程。

（2）参照【例 10-8】【例 10-9】【例 10-10】和【例 10-11】练习 POP 编程。

附录 2 PyCharm 的安装与使用

本书中前面章节程序运行主要使用的是 Python 自带的文本编辑器 IDLE。

当前，很多程序编写人员习惯使用 PyCharm 作为开发环境。PyCharm 是一种 Python IDE，带有一整套可以帮助用户在使用 Python 语言开发时提高其效率的工具，比如调试、语法高亮、Project 管理、代码跳转、智能提示、自动完成、单元测试、版本控制。此外，该 IDE 提供了一些高级功能，以用于支持 Django 框架下的专业 Web 开发。

1. PyCharm 的下载与安装

（1）下载

从官网下载最新的 PyCharm 版本：https://www.jetbrains.com/pycharm/，建议选择免费的"Community"版本。

（2）安装

下载完成后，直接双击下载好的 exe 文件进行安装。附图 2-1~附图 2-4 所示为安装过程。

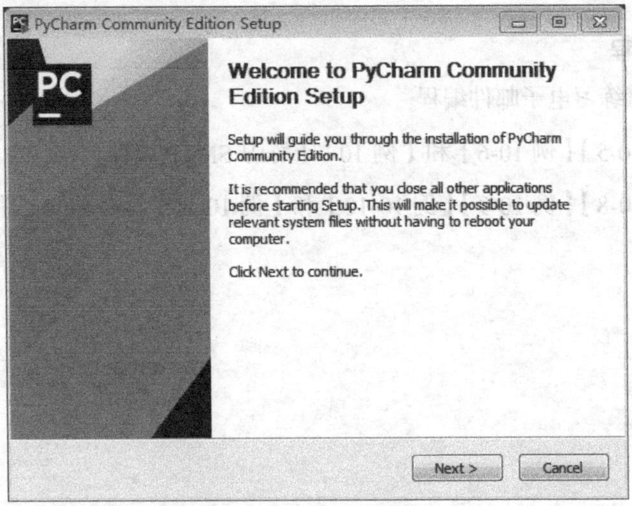

附图 2-1　PyCharm 安装向导 1

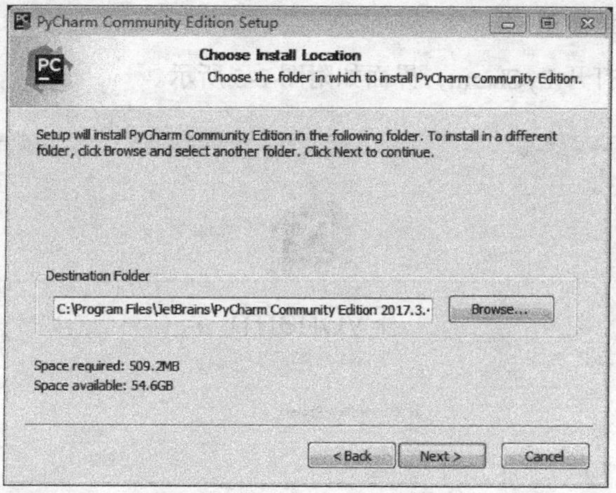

附图 2-2　PyCharm 安装向导 2

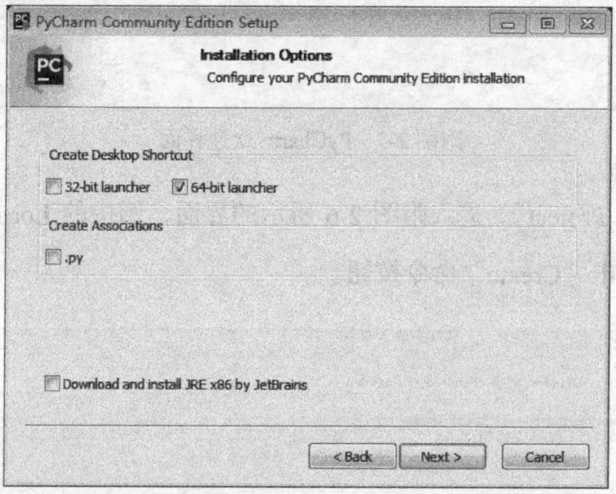

附图 2-3　PyCharm 安装向导 3

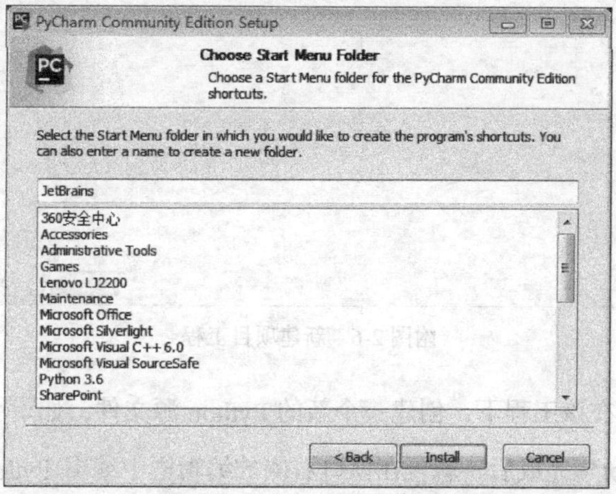

附图 2-4　PyCharm 安装向导 4

请注意："附图 2-3 PyCharm 安装向导 3"中关于机器字长的设置，以及相关联的源程序的扩展名的选择。

2. PyCharm 的简单使用

安装成功后，首次打开 PyCharm，界面如附图 2-5 所示。

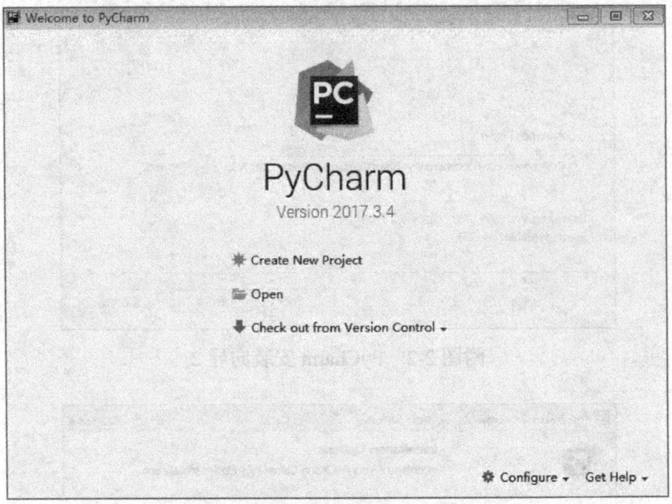

附图 2-5　PyCharm 欢迎界面

单击“Create New Project”，进入附图 2-6 所示的界面，图中的 Location 是新建项目工程的路径，设置完成后，单击“Create”命令按钮。

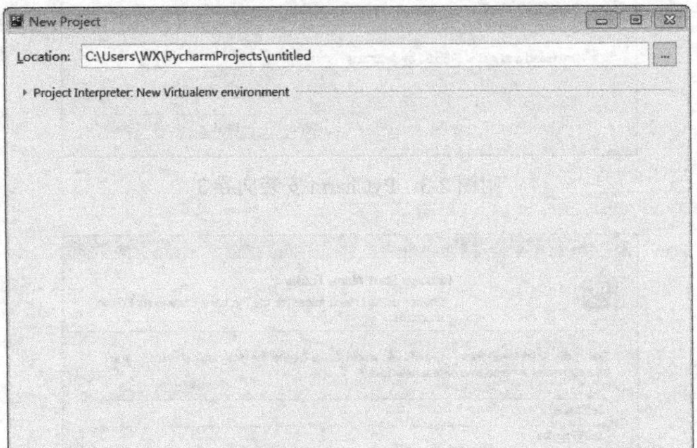

附图 2-6　新建项目工程

新建工程完成后，在该工程下，创建一个新的 Python 源文件，如附图 2-7 所示。

当 Python 源文件新建完成后，就可在窗口右侧的编辑框中编辑 Python 源代码，如附图 2-8 所示。

源代码编辑完成后，执行“Run”菜单下的“Run”命令进行执行，即可查看程序执行结果，如附图 2-9 所示。

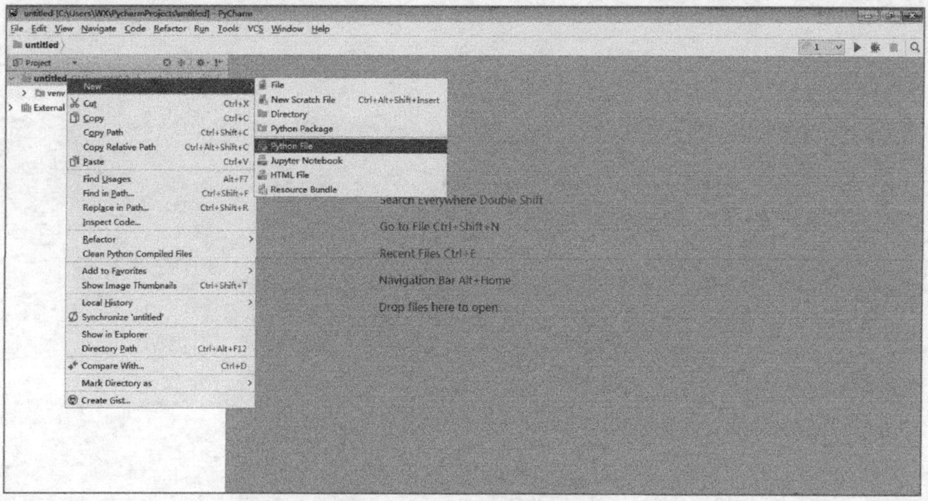

附图 2-7　新建 Python 源文件

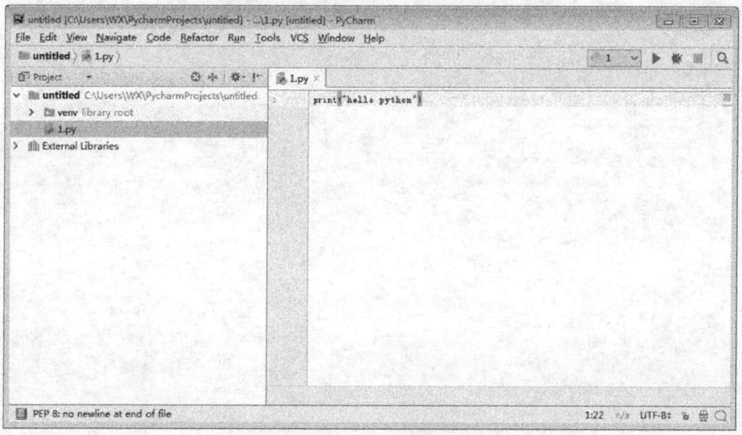

附图 2-8　编辑源代码

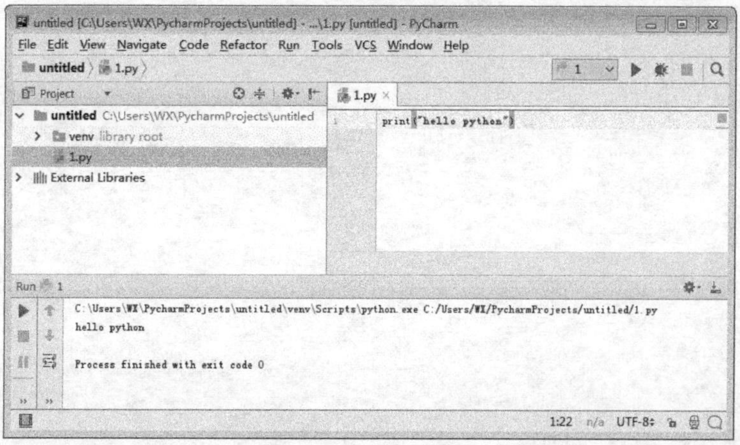

附图 2-9　查看执行结果